流域水污染防治政策设计：

外部性理论创新和应用

金书秦　著

北　京
冶　金　工　业　出　版　社
2011

内 容 简 介

本书是一项综合性的研究，对环境经济学的基本理论——外部性理论进行了系统的发展和创新，提出了外部性分析的4个维度，即外部性的主体、方向、范围、大小，并发展了外部性集中度、相对交易费用等一系列概念。基于这些理论的完善和创新，作者进一步将外部性理论应用于环境政策分析和设计当中，提出了在实际操作中，如何设计管理体制、确定政策目标、筛选优先领域、组合政策手段。

全书内容翔实，论证严密。作者掌握了国内外关于外部性理论的经典文献和最新成果，同时又运用大量调查或统计数据，对我国目前水污染防治中工业排放、城镇污水、农业面源三大方面的问题进行了透彻分析，得出的结论和提出的政策建议可供决策部门参考。

本书既可作为一部环境经济学的理论著作来读，也可以作为一本环境政策设计的指南来用。适合作为环境经济与管理、环境政策与规划等方向的高年级本科生、硕士和博士研究生的专业参考书，也适于环保、农业等领域的决策和研究人员使用。

图书在版编目（CIP）数据

流域水污染防治政策设计：外部性理论创新和应用/金书秦著．—北京：冶金工业出版社，2011．8

ISBN 978-7-5024-5691-7

Ⅰ．①流…　Ⅱ．①金…　Ⅲ．①流域—水污染—污染防治—研究—中国　Ⅳ．①X52

中国版本图书馆 CIP 数据核字（2011）第 146654 号

出 版 人　曹胜利

地　　址　北京北河沿大街嵩祝院北巷 39 号，邮编 100009

电　　话　(010)64027926　电子信箱　yjcbs@cnmip.com.cn

责任编辑　张　晶　美术编辑　李　新　版式设计　孙跃红

责任校对　石　静　责任印制　张祺鑫

ISBN 978-7-5024-5691-7

北京兴华印刷厂印刷；冶金工业出版社发行；各地新华书店经销

2011 年 8 月第 1 版，2011 年 8 月第 1 次印刷

148mm×210mm　7.25 印张；212 千字；209 页

25.00 元

冶金工业出版社发行部　电话：(010)64044283　传真：(010)64027893

冶金书店　地址：北京东四西大街 46 号(100010)　电话：(010)65289081(兼传真)

序

水污染问题已经成为制约我国社会经济发展的重大问题。我从2000年开始关注淮河流域的水污染问题并进行了长期的跟踪，最后发现管理体制不顺、信息不畅是最根本的问题。在这样的状态下，就很难谈政策目标的合理性和政策手段的恰当性了。我们花了6年多的时间完成了淮河流域的水环境政策评估，金书秦也是这项研究的主要参与者，但是最后我们并没有得出几条确切的结论。原因就是流域水污染这种具有外部性的问题，如果对各主体没有十分清晰的职责划分和监督，那么大家都会倾向于不作为并隐藏信息。

外部性理论在环境经济学中具有举足轻重的地位，关于外部性讨论的文献汗牛充栋，但是纵观这些文献，外部性往往被当作一个解释环境现象的“万精油”或市场失灵的“替罪羊”。它与市场失灵，产权、交易费用到底是什么关系？它是一种现象还是一个原因？它如何为环境政策的制定、评估发挥作用？这些问题都没有答案。

本书作者正是带着这些问题开始了长达5年的研究和思考。金书秦是我指导的博士生，2005年他以优异的成绩从北京科技大学考入中国人民大学环境经济与管理系，成为我的硕士生，2006年10月转为硕博连读。他是我见过为数不多的能够踏踏实实完成课题研究任务，同时还主动进行理论思考的学生。2005年底，他开始参加我主持的一项外部性的社科基金课题研究，当时他还质疑外部性作为一项经济学研究的正统性。后来，他已是课题的骨干。在接下来的几年学习中，他参与了多项课题，因为之前对外部性的概念吃得很透，他总能够把环境问题的一些本质特征用外部性进行解释，他对外部性理论的研究达到了较高的水平。

博士论文选择外部性为主题，希望能够在理论上更进一步地探索。本书就是作者在博士学位论文基础上的研究成果。本书中，作者提出了运用外部性理论分析环境问题的4个维度，即外部性的主体、方向、范围和大小，这相当于把外部性的“黑匣子”进行了解密，将来对该理论的应用就不应该局限于用外部性笼统地解释环境现象，而应当针对环境问题对上述4个方面逐条进行分析，有些可以定性，有些可以定量。作者提出了外部性集中度、绝对和相对交易费用等概念，结合外部性的4个维度，对管理体制、政策目标、优先领域、政策手段等的完善提出了具有建设性的解决方案。我认为作者对环境外部性理论的深化和应用方面有创新。当然，书中还存在一些缺点和不足，需要读者的批评和指正，也希望作者能够继续深入思考和研究。

作为导师，我很高兴看到本书的出版，希望该项研究能够对完善我国环境经济学理论，促进我国环境决策的科学化做出贡献。

是为序。

中国人民大学环境政策与规划研究所

宋国君

2011年6月

前　言

中国的环境保护工作是从水污染的治理开始的，近40年过去了，由于经济的飞速发展，环境质量恶化的趋势没有得到遏制，反而在不断加剧。近年来，国家对于水污染的治理力度前所未有，主要水污染物COD排放量成为“十一五”规划的约束性指标，一票否决、区域限批、批量关停、环评风暴，新旧政策层出不穷，“十一五”减排目标超额完成。但是，中国的水污染形势依然十分严峻，水污染的治理将是一项长久性的工作，需要通过良好的政策设计建立减排的长效机制，以实现水质的根本改善。

中国流域水污染控制总体上而言存在两方面问题：(1) 管理体制不顺：体现为地方政府过多地担负了具有跨界外部性特征的水污染控制责任；(2) 政策手段缺乏设计：头痛医头甚至病急乱投医的现象较为严重。由于这两方面的问题，进而导致政策的执行不力，各项管理机制（如信息、参与、监管、评估等机制）落后于实际需求。本书针对以上问题，探索流域水污染防治政策设计的理论框架，并为我国水污染治理的实际工作提出相应的建议。

以外部性理论作为系统的环境政策设计的理论基础，本研究是首次探索，这也是本书的最大创新之处和最有可能做出贡献的地方。外部性理论自提出100多年来，一直是经济学领域争论的焦点，可以说，正是对外部性的讨论导致了新制度经济学的繁荣。外部性也被认为是环境经济学的主要基础理论。但是，自环境经济学创立以来，40多年过去了，外部性本身并没有得到实质的发展，其根本原因在于：(1) 外部性自身概念的不清楚，与市场失灵、公共物品等概念之间的关系混乱，致使其缺乏独特的解释力；(2) 只关注外部关系而忽视了实质的效应。本书首先从外部关系和效应两个角度重新定义外部性，进而将其具体到环境外部性，建立环境外部性理论的基本分析框架：包括外部性的主体、方向、范围、大小。基于外部性的分析框架，以问题为中心，建立流域水污染防治政策设计的基本框架。本书对于外部性理论的创新在于：

(1) 明确定义外部性包含外部关系和客观影响两个要素，据此对环境问题进行初步的分类，进而提出解决环境问题的基本优先序，并在一定程度上阐释了环境政策目标确定与环境政策手段选择的原则，以及两者之间的关系。基于本书对外部性的重新定义，对内部化的形式进行分类：仅以货币形式内化外部关系的称为形式内部化或货币内部化；既内化外部关系，又消除实质效应的称为实质内部化。解决外部性问题，关键是消除其影响，其次是内化其关系，并以此作为环境政策设计或评估的首要原则或标准。

(2) 基于外部效应和外部关系，提出外部性“集中度”的概念，集中度反映单位外部关系中包含的外部效应。本书提出根据外部性的集中度进行政策手段的选择，为了以最低的监管成本追求政策的确定性和有效性，从集中度的高低，依次以命令控制、经济、劝说手段为主。

(3) 建立环境外部性理论分析的基本框架，从主体、方向、范围、大小4个维度进行细化，环境问题可以在4个维度上进一步区分，这使环境政策目标确定、手段选择的依据更为具体。特别地，本书从不同角度探讨了环境外部效应的大小问题，创造性地提出了相对外部效应、相对交易费用等概念，这些概念对于政策收益的分享、成本的分担提供依据，也为将环境污染问题的经济分析与干系人分析的结合奠定了理论基础。

(4) 梳理外部性、产权、交易费用、公共物品、信息等概念之间的关系，使之不再彼此含混不清。交易费用仍然是本书所要使用的一个核心概念，本书对于交易费用的类型划分方面有一定的创新，区分了识别和未识别的交易费用、实现和未实现的交易费用，并指出不同交易费用对于市场效率的影响。本书关于交易费用的论述，对于环境保护中的技术创新、制度创新提供了理论基础。

基于外部性理论，流域水污染防治政策设计的基本框架为：首先要对污染问题的外部性属性进行识别，包括外部性的主体、方向、范围、大小进行识别，根据外部效应的绝对大小判断解决该问题可能获得的潜在收益，根据外部效应影响的范围选择合适的机构主导内部化的进程，根据外部关系的主体和外部效应的相对大小共同决定内部化（政策）的对象，最后，由所有因素共同确定内部化的手段，以期实现交易费用的最小化。具体而言，环境政策的目标（即内部化程度）由经济效率和政治意愿共同决定；对于跨界的水污染问题应当由上一级政府主导内部化的进程，所谓“主导”其底线是掌握对企业排污行为的监管权和对地方政府的问责权；优先解决外部效应大、外部关系简单的污染问题，从边际福利增加最大化的角度来说要优先解决相对外部效应大的问题；为了以最小的成本追求政策的可控性（确定性），外部性集中度较大的问题更多适用于命令控制手段，外部性集中度较小的问题更多运用经济刺激手段。基于此，我国流域水污染防治政策的基本框架是：

(1) 政策目标：首要目标是实现可监控污染源的连续达标排放，通过持续减排，进而实现水质的根本改善。

(2) 管理体制：建立“三级两层”的水环境管理体制，设置环保部的分局，代表中央直接监管跨省的污染事务。

(3) 优先控制的领域：工业污染源方面优先控制造纸、化工、农副食品、纺织4个行业的排放；农业面源方面优先控制化肥农药的用量和流失；加强城镇污水管网和污水处理厂的建设，对进入城镇污水处理厂的工业废水进水水质进行控制。

(4) 政策手段：以许可证制度为核心控制工业和城镇污水处理

厂污染物的排放；通过经济奖励、技能培训促进农民少用化肥少施农药等环境友好行为。特别地，建议采取“大赦”的方法促使企业申报真实的排污信息，以确保许可证制度具有一个良好的信息基础。

本书共分8章，第1章为绪论部分，介绍本书的研究背景、意义、研究内容、方法和技术路线。第2章为理论综述部分，对外部性理论进行了完整的回顾，由于第3章着重对外部性理论进行了发展，因此在第2章对于外部性理论没有过多的评述，此外还对政策设计的相关文献进行了综述，包括基础理论和分析方法。第3章为本书理论研究的核心部分，对外部性理论进行了创新和发展，在此基础上，结合政策设计的其他理论，建立了流域水污染防治政策设计的基本框架。第4~7章为实证研究部分。第4章简要地对中国流域水污染防治政策进行了框架性设计。第5、6、7章分别针对工业点源、城镇污水、农业面源进行了政策设计。第8章为结论部分，总结了本书在理论创新和指导实践方面的结论，并提出了相应的建议，也指出了本书的不足和进一步研究方向。

本书在博士论文的基础上撰写而成，硕博五年我得到了导师宋国君教授无微不至的关怀，书中有价值的观点无一不是宋老师悉心指导的结果。宋老师门下诸多师弟、师妹在数据处理、实地调研等方面也给予了极大支持。在此对恩师和同门表示由衷感谢！在人民大学就读五年，我还得到了张象枢、鲁明中、马中、邹骥、刘鹏、许瑞娜等老师的指点和帮助，在此一并表示感谢！我还要把感谢致以农业部农村经济研究中心的各位领导和同事，正是他们的帮助和支持，使我能够以农村为阵地继续从事环保研究，也使得本书在农村环保方面的观点更加完善。最后我要把崇高的谢意致以本书所引用文献的作者，他们的杰出成就让我站在一个较高的起点。当然，书中难免有所疏漏，不妥之处敬请各位同行批评指正！

金书秦

2011年8月于北京砖塔胡同

Preface

China's effort on environmental protection was started with water pollution control since 1970s. Forty years passed, with a dramatic growth of GDP, the trend of water quality degradation has not been changed, even more serious. In the past years, the government has paid much more attention to water pollution control than ever before. The main water pollutant COD was included in the "11th five-year planning" as a mandatory index, that is, in 2010, the total amount of COD emission must be 10% less than the emission of 2005. With variety of policy instruments such as one-vote veto, regional limitation, EIA storm, et al, the target of COD reduction of "11th five-year planning" has been over-achieved. However, water pollution control should not be treated as a kind of 5-year movement. We need good policy design in order to establish sustainable mechanism for pollution reduction and finally get the water quality improved.

Generally speaking, two kinds of problems exist in Chinese basin's water pollution control: (1) unreasonable management system, that is, too many responsibilities in water pollution issues which are inter-boundary externalities were taken by the local government; and (2) poorly designed policy instruments, that is, many policy instruments are temporary and unsystematically designed. Therefore, the policy implementations are problematic, and the implementing mechanisms (e. g. information mechanism, participatory mechanism) are not as complete as demanded. Targeting to these problems, the current research is attempting to establish the theoretical framework for water pollution policy design, and to raise recommendations for policy improvement.

This research is the first attempt to take externality theory as the theoretical foundation for environmental policy design, which might also be the biggest innovation and where the academic contribution might be done. From its emergence, the concept of externality has always been a hot issue for academic debate in economics domain. It can be said that it is the concept of externality which has stimulated the booming development of institutional economics. Externality is also considered as the theoretical foundation of environmental economics. Forty years past since the establishment of environmental economics, rare developments have been got for the externality itself. The roots of the problems are: (1) the concept itself is ambiguous. There are no clear boundaries among concepts of externality, market failure, public good, and et al. Thus it losses the uniquity for explanation; and (2) the definitions of the concept only focus on the external relationships, while the actual effects are ignored. In this thesis, the concept of externality will be dichotomously defined from both aspects of external relationships and actual effects. The concept will be further divided into four dimensions: main body, direction, scope, and value of effect. The four dimensions form the analytical framework of environmental externality theory. Based on the framework, and taking the policy problems as center, the framework for basin's water pollution control policy design can be built. The innovations on externality theory of this book are as following:

(1) To clearly define that external relationship and actual effect are contained in externality. Starting from this, all kinds of environmental problems can be classified as four categories, according which the priorities of environmental policy can be ranked. And to some extent, the principles for policy object making and instrument choosing can also be derived. Based on the redefined concept of externality, this book classifies the categories of internalization, including pecuniary internalization and actual internalization. The former only means that the external relationships are internalized, while the latter means the actual effects were also eliminated. Actually, to eliminate the actual effects is more important than to internal the external relationships for internalization of externality. And thus, the top principle for policy design is to eliminate the negative effects.

(2) Based on the dichotomous definition of externality, the concept of "externality concentration" is raised, which reflect the values of actual effects contained in per unit of external relationship. The concept of "externality concentration" is quite useful for policy instrument choosing. In order to pursue the certainty and controllability of environmental policy with a lowest monitoring cost, we should employ more mandatory, economic, and encouraging instruments respectively, according to the extent of "externality concentration" from high to lower.

(3) To establish the analytical framework for externality theory by specifying externalities from four dimensions, i. e. main body, direction, scope, and value. With this analytical framework, externality theory can provide specific and operable guide for environmental policy design. In particular, this thesis discusses the

value of environmental externality from different aspects, and it creatively put forward the concepts of relative external effects and relative transaction cost. The two new concepts will provide theoretical rules for the problem of sharing the cost and benefit of the policy, by which, the methods for economics analysis and stakeholder analysis can be integrated in environmental pollution issues.

(4) To clarify the relationships among the concepts of externality, property right, transaction cost, information, et al. Transaction cost is still a key concept in this thesis. In this book, transaction cost is differed from identified and unidentified, realized and unrealized transaction cost. Different impacts from different transaction costs to the market efficiency are pointed out. The elaboration on transaction cost in this thesis can provide theoretical foundation for technological and institutional innovation in environmental protection domain.

Based on externality theory, the theoretical framework for basin's water pollution control policy is firstly to identify the externality characteristics of the pollution issues from four dimensions, i. e. main body, direction, scope, and value. Secondly, the benefits of potential policy can be measured according to the absolute value of external effects, and the extent of internalization can be decided. Thirdly, the responsible organizations can be identified for the process of internalization according to the scope of externality. Fourthly, the priorities of policy can be ranked by the externality concentration. And finally, the policy instruments will be co-decided by all factors with aim of minimizing transaction costs. Specifically, the policy objectives (namely extent of internalization) are co-decided by economic efficiency and political willing. For trans-boundary water pollution issues, the process of internalization should be dominated by the upper level government. By "dominate", it means the bottom-line is to hold the supervising rights to the enterprises and accountable right to the local governments. The policy should be prior to input to the problems which are abundant in actual effects and less external relationships. Similarly, the larger the relative value of effects the more prior they should be solved.

In order to achieve the certainty (or controllability) of the policy, mandatory instruments should be more employed in solving the problems with high externality concentration, while economic and encouraging instruments should be more employed in solving the problems with lower externality concentration. Above all, the policy framework of China's basin water pollution control is designed as following:

(1) Policy objective: the primary objective is to make the supervisable pollution sources continuously meet the standards. And the final objective is to get the water quality significantly improved by reducing pollution emission constantly.

(2) Management system: A water management system with "3-level and 2-layer" should be established, in which the branches of Ministry of Environmental Protection (MEP) govern the trans-boundary externality issues representing the central government.

(3) Areas of priority: For industrial pollution, the prior areas for pollution reduction should be thesis industry, chemical industry, agriculture supplementary food industry, and textile indus-

try. For Agricultural non-point sources pollution, pollution from chemical fertilizers and pesticides should be controlled in priority. For municipal sewage, the construction of drainage network and infrastructure of sewage treatment should take the priority, and the inflowing water quality from industrial enterprises should be controlled.

(4) Policy instruments: setting license system as the main instrument to limit the sewage discharge from the industry and wastewater treatment plants, and promoting the environment-friendly actions taken by farmers such as less use of pesticide and chemical fertilizer by economic incentive and technological training. Especially, it is suggested to implement a "special exemption" method to encourage the plants to declare true information of their pollution emission, in order to make a good information basis for license system.

Eight chapters constitute this book. Chapter 1 is introduction, introducing the background, significance, methodology and technical route. Chapter 2 is theoretical summary, reviewing the externality theory thoroughly, since the externality theory is mainly expanded in Chapter 3, there is not so much comments here. Besides, literatures about policy design are also included, covering both basic theory and analytical method. Chapter 3 is the core of theoretical research in the thesis, making some contribution to the innovation and development of externality, based on which the framework of policy design for China's basin water pollution control are set, while other theory about policy design are also taking into account. Chapters 4 to 7 are empirical study parts. Chapter 4 proposes a framework of policy for China's basin water pollution control briefly. Chapters 5, 6 and 7 design the policy for industrial point source, municipal sewage, and agricultural non-point source individually. Chapter 8 is conclusion, summing up the theoretical breakthrough and guidance for the practice, putting forward suggestions, and pointing out the disadvantages and the next step of further study.

JIN Shuqin
August, 2011
Zhuanta Hutung, Beijing

目　录

1 绪 论

1.1 研究背景

1.1.1 高投入下流域水污染形势依然严峻

新中国的环境保护工作，可以说是从水污染治理起步的。1972年春天，怀柔、大兴县一带的群众吃了官厅水库的鱼后出现恶心、呕吐等症状，引起了各方面的关注。原国家计委和原国家建委随后向国务院作出《关于官厅水库污染情况和解决意见的报告》，称“经化验，证明水质已受污染，并有急剧增加的趋势，水库盛产的小白鱼、胖头鱼，体内滴滴涕（DDT）含量每公斤达2毫克，严重超标”。这份报告得到了周恩来总理的高度重视，在其关怀下，中央于1973年成立了由时任副总理万里任组长的“官厅水库水源保护领导小组”。尽管官厅水库最终还是于1997年被迫退出首都饮用水源，但官厅水库治理项目和“官厅水库水源保护领导小组”分别作为新中国成立后的第一项污染治理工程和第一个环境保护机构，拉开了我国环境保护事业的序幕。

水质关系到生产和生活的方方面面，历来备受关注。国家在不多的环境保护资源中对于水质保护给予了政策、资金等方面的高度重视，但在高投入下，近年来我国流域仍然是大事故频发、小事件不断。20世纪90年代以来，伴随着“淮河水污染事件”的发生，流域水质保护受到了前所未有的重视，“十年治淮”也就此开始。淮河流域水污染的治理投入了大量的人力物力，甚至于1995年颁布了迄今为止唯一专门用于流域水污染防治的国家级条例——《淮河流域水污染防治暂行条例》，著名的“零点行动”正是据此条例的规定而采取的❶。1994～2004年10年间，治淮投入数百亿元，但是淮河水质却没有明显改善的趋势，整体水质长期属于中度污染，部分重要支流（如颍河、涡河）为重度污染，甚至长期为重度污染❷。

就在人们对“十年治淮”功过是非进行总结的热情尚未消退的时候，2006年的松花江事件不啻给全国的环保工作者以当头一棒。此次事件给数百万市民造成不同程度的恐慌，甚至引起中俄两国外交上的争端。除了相关领导被追究责任外，这次事件也直接推进了我国关于污染损失赔偿及罚款相关法条的修改，在2008年修订的《水污染防治法》中，原来关于污染事故罚款的上限（100万元）被去掉。

2007年更是事故频发，太湖、滇池、巢湖集体暴发蓝藻，其中以太湖流域蓝藻事件为代表。尽管对于蓝藻提前暴发的原因部分被归咎于气候变化，但是主要原因仍然是水污染问题。蓝藻事件之后，国务院对太湖蓝藻问题高度重视，以国家发改委牵头，会同水利部、财政部等部门及江苏、浙江、上海各地相关部门制定了《太湖流域综合治理总体方案》，在国家重大专项之“水专项”中也设置太湖流域综合治理示范项目。

污染还在继续，事故时有发生。2008年广州钟落潭亚硝酸盐超标导致41人中毒事件、贵州都柳江砷中毒事件、湖南怀化硫酸厂泄漏事件，2009年盐城特大水污染事件、赤峰水污染事件等，只要在任意一个搜索引擎上输入“水污染事件”就能看到一串串触目惊心的结果。在一系列的水污染事故发生之后，时任（2007年）国家环保总局副局长潘岳表示：松花江事件标志着我国进入了水污染事故高发期，而太湖、滇池、巢湖的蓝藻接连暴发，标志着我国进入了水污染密集暴发阶段。

国家对于水污染治理的决心是坚定和务实的。“十五”以来，中

---

❶ 该条例第十八条规定：自1998年1月1日起，禁止一切工业企业向淮河流域水体超标排放水污染物。

❷ 全国水环境质量报告书（2005，2006，2007）：水质定性评价标准分优、良好、轻度污染、中度污染、重度污染五类，其中：Ⅰ～Ⅲ类水质比例<75%，且20%≤劣Ⅴ类比例<40%，为中度污染；Ⅰ～Ⅲ类水质比例<60%，且劣Ⅴ类比例≥40%为重度污染。

国政府集中整顿了8个重污染行业（钢铁、水泥、电解铝、铁合金、电石、炼焦、皂素、铬盐），出台了推进水价改革政策，实行污水和垃圾处理收费等政策。投入“三河三湖”（淮河、海河、辽河、太湖、巢湖、滇池）的治污资金累计达800多亿元（黄小赠，2009）。

自“十一五”规划提出主要污染物排放总量减少10%的约束性目标以来，我国在污染治理上投入力度不断加大。“减排”政策也已经取得了一定的成效，2007年第三季度首次实现主要污染物排放的“双下降”，并且这种良好态势得以持续。在主要水污染物（COD）减排方面，相比2005年，2007年排放量下降了2.3%，2008年排放量下降了6.61%，2009年下降了9.66%，2010年11月，环境保护部周生贤部长在中国环境与发展国际合作委员会2010年年会上宣布，“十一五”减排目标提前实现。与之对应的是大量政策措施的采用，一些地区甚至采取了“流域/区域限批”、“一票否决”等严厉措施应对水污染问题。

但是，近几年相继发布的《中国环境状况公报》（2007~2009年）对于水环境质量状况的总体表述仍是“地表水污染依然严重”，各大流域、重点湖泊的水质总体状况基本在中度污染以上，大部分水域的主要污染指标为氨氮、总磷、高锰酸盐指数。近年来流域水污染事故依然在发生，而且动辄就是重大事故，对大面积人群饮水安全造成影响，并进而造成社会恐慌。“有河皆干、有水皆污、鱼虾绝迹”已经成为形容我国水环境问题的“俗语”，可见水污染已经到了非常严重的程度。

1.1.2 中央政府已经认识到我国的环境保护需要历史性转变

环境保护自20世纪80年代就成为我国的一项基本国策，中共十六大以来，党中央在准确把握我国基本国情的基础上提出科学发展观，其基本要求就是全面协调可持续发展，这又使可持续发展上升到中央最高的政治理念。中共十六届五中全会（2005年）进一步将科学发展观落实为“资源节约型、环境友好型”社会的建设，将其列入经济社会发展规划，并在十七大写入党章。此外，党的十七大报告明确提出建设生态文明，表明了党和国家对现代化的理解有了新的进展。

人类的文明史是从农业文明到工业文明，再到生态文明，分别对应农业现代化、工业现代化和生态现代化，这三类文明也代表了各个阶段人类需求的演进，以及人与自然关系的变化。从工业文明到生态文明，最为本质的就是生态的“解放”。在工业文明中，自然生态被当做工业生产活动的一种依附，人们认为脱离工业生产活动，自然生态也就没有价值，人类的所有决策依从于经济理性、政治理性、社会理性。而从生态文明的观点来看，自然生态具有独立的价值，生态理性也将成为与经济理性、政治理性、社会理性相齐平的独立一极（A. P. J. Mol，1995）。生态文明的建设需要环境治理（environmental governance）的改革，其重要机制就是通过技术创新和制度创新实现外部性的内部化（Sonnenfeld and Rock，2009），一方面通过更加先进的生产技术和处理技术减少污染物的产生，或更好地将污染物进行处理；另一方面，通过适当的政策使排放主体进行污染减排。

2006 年，温家宝总理在第六次全国环保大会上提出“三个转变”，标志着我国环境保护工作开始进入新的转变期（周生贤，2009）。“三个转变”分别从发展理念、发展模式、政策手段三个方面强调了新时期环境保护工作的发展方向，其内容分别是：从重经济增长轻环境保护转变为保护环境与经济增长并重；从环境保护滞后于经济发展转变为环境保护和经济发展同步；从主要用行政办法保护环境转变为综合运用法律、经济、技术和必要的行政办法解决环境问题。在实现历史性转变的进程中，中国环境保护当前的总体思路是全面推进、重点突破，抓好七项重点任务，首当其冲的就是“以饮水安全和重点流域治理为重点，加强水污染防治”（周生贤，2006）。水是最重要的资源，其重要性超过化石能源（马中，2009），理应得到最优先的保护。“两型”社会建设对于水环境保护的要求就是节约用水、减少排放，当然让人民喝上清洁的水也是保障民生的最基本要求。环境保护已经成为国家意志（夏光，2007），国家在坚定的决心下，已经采取了大量行动践行其发展理念和模式的转变。

环境保护领域的第一个实质性突破就是环境管理体制的改革。2008 年 3 月，第十一届全国人民代表大会一次会议公布了国务院机构改革的方案，原国家环境保护总局升格为环境保护部，成为国务院的组成部门。这是进入21世纪以来我国新一轮环境管理体制改革的开端。环境管理体制的核心内容就环境管理职能的分配问题，其目标是横向理顺部门之间、纵向理顺中央和地方之间的关系。我国现行环境管理体制中“政出多门、权责不明”等弊病由来已久，这些弊病已经被学者、决策者等群体广泛认识到，统一监管的“大环保部”是大势所趋。外部性理论可以在中央和地方之间的职能划分方面提供强有力的理论依据。

其次是环境政策手段的转变，总体上越来越强调公众的参与和市场的作用，但在问题严重时也使用前所未有的命令控制手段，如区域限批。“十一五”期间推出了一系列环境经济政策，如绿色信贷、环境责任保险等手段。另外，生态补偿、排污权交易等早已有之的市场手段也正在得到大力推行。市场手段的最大特点就是给企业以自由选择守法方式的权利，通常能够达到成本最小化，但是其缺点就是确定性不强，政策控制的程度和见效的时间都不易掌握。面对纷繁复杂的环境问题，可采取的政策手段也是五花八门，选择效果好、见效快、成本低的政策手段成为对决策者的重要考验。在效果、效率、见效速度、公平之间做出权衡，需要有相应的依据。

由上可见，中央政府已经意识到环境保护工作需要重大转变，环境政策在国家政策体系中的重要地位逐步凸显。然而，尽管从最高领导人到普通老百姓都有着越来越崇高的环境追求，但现实却不尽如人意。在流域水污染防治的政策决策方面存在“头痛医头，脚痛医脚”，甚至“病急乱投医”的现象，基本的原因就是缺乏一套系统的政策设计理论作为指导，具体体现为：我国流域水污染防治管理体制落后于社会经济背景；政策手段表现出应急、短效等特点，缺乏合理设计；政策实施的各项机制也不完善。

1.1.3　流域水污染防治管理体制不适合目前的社会经济背景

中国流域水污染防治最基本的问题就在于管理体制的不顺，流域水污染具有典型的跨区域外部性属性，而我国现行的流域管理模式主要是分部门、分地区管理，地方政府在流域水环境方面承担着主要责任，中央和地方政府在环境保护方面的职能分配仍然停留在计划经济时代的水平。目前我国环境保护管理体制的基本依据是《环境保护法》，该法在1989年实施至今已有20多年未经修改，基于该法，地方政府对环境质量负主要责任。1994年税制改革以前，我国主要采取“分级包干”的财税制度，地方政府拥有税收的“剩余索取权”（郭庆旺、吕冰洋，2006），中央政府的税收收入只占很少一部分，例如，1993年中央预算收入只占全国预算收入的22%（Susan H. Whiting, 2007）。税制改革之后，大部分税收归中央政府支配，例如，2006年中央财政收入占全国财政收入的54.8%（张汉亚，2008），按照事权和财权对应的原则，中央政府在公共事业管理方面理应承担更多的责任。从外部性的角度来看，目前的管理体制下，地方政府与企业的“合谋”是造成政策失灵的主要原因，地方保护主义已经被认为是造成流域严重污染的重要原因之一（张丽珠，2003）。

从横向的部门职能分配来讲，我国在水环境管理上可谓“九龙治水”，根据国务院各部门的“三定”方案，环保、水利、城建、发展改革、农业、林业、交通、卫生、国土等9个部门均有涉水的管理职能，其中水利部门负责水资源管理和保护、取水、节水、水文水质监测等；环境保护部门主管水污染防治、水质和水污染物排放监测、各项环境政策的实施和监督，参与部分水资源保护工作；城市建设部门负责城市污水处理工程规划、建设与管理；农业部门主导农业面源污染控制；林业部门负责水源涵养、湿地管理；国土部门负责监测、监督、防止地下水的过量开采与污染问题；卫生部门主管饮用水和涉水产品的卫生监督管理等工作；交通部门控制船舶污染；发展改革部门参与各类涉水规划和政策的制定。

总之，我国的水污染防治管理体制在纵向存在事权和财权不对应的问题，在横向又存在分工混乱、政出多门等问题。管理体制不顺，再好的政策手段也难充分发挥作用。本书认为，水污染防治理所当然是环境保护部门的分内之事，统一监管的“大部制”是必然趋势。因此，在管理体制方面，本书将不过多讨论部门职能的划分问题，主要讨论中央和地方的权责分配问题。

1.1.4 水污染防治政策手段缺乏合理设计

“十一五”期间，国家对于环境保护的重视达到前所未有的高度，围绕节能减排目标，采取的政策措施的种类和力度都超过以往。在这些措施的作用下，加之近期全球性金融危机的影响，“十一五”减排目标提前实现。但是，若对减排成果进行分解，减排的主要动力主要来自工程或行政手段（马中、吴健、魏珣等，2007）：一是工程性减排，如污水处理厂的大规模建设；二是通过关停落后企业进行强制性产业结构调整；三是通过区域限批等更为严厉的行政手段集中整治一批环境违法行为。工程措施具有一定的持续性，因为只要被建成的项目设施得到较好的管理，在其使用年限内可以持续进行污染处理。而强制淘汰和行政命令都不能称得上是长效的政策手段，只能在非常时期起到即时的作用。另外，金融危机对于减排目标的实现也是有一定“贡献”的，可以预见，随着经济的复苏，“十二五”减排形势将更加严峻。

自20世纪70年代以来，我国环境保护工作也已经持续了近40年，但是在环境政策手段方面，主要仰仗的仍然是最初的“老三项”，即环评、三同时、排污收费。其中排污收费制度由于费率设置偏低背离庇古税的本义（余江、王萍、蔡俊雄，2005）、执法成本偏高（胡璇、栾胜基，2004）等问题广受诟病。排污申报本应成为管理部门掌握企业排污行为的最主要途径，但是由于缺乏有力的核查机制，导致企业申报的信息真假难辨。总量控制目标空洞，缺乏其他政策手段的支撑，基本上是数字游戏。排污权交易、排污许可证、生态补偿，这些在国外具有成功经验的政策手段也被介绍到了中国，在流域水污染防治方面均有试点，但是始终未能取得实质性进展，主要原因就是政策手段缺乏设计，再好的政策手段，也不可能自动产生效果，必须有合适的实施和监督主体，针对合适的环境问题，管到恰当的程度。

1.1.5 水污染防治管理机制不完善

由于管理体制不顺、政策手段缺乏设计，导致政策的实施不力，各项管理机制落后于实际需求。首当其冲的是政策实施的资金机制。由于地方和中央事权的划分不合理，导致流域水污染防治规划项目的资金到位率长期处于较低水平。流域水污染防治规划作为落实流域水污染防治政策的行动方案和指南，其实施的状况直接影响到控制的效果。目前对规划进行落实的具体形式主要是各类项目，但流域水污染防治规划中项目的投资严重不到位，50%左右的投资到位率几乎成为常态。通过对淮河流域“十五”规划项目投资完成情况的分析发现，污水处理厂、城市垃圾处理、截污导流等具有明显外部效益的项目的投资完成率都很低，淮河流域“十五”期间分别是58.8%、22.1%、3.2%，而外部性相对较小的饮水工程项目投资则是超额完成，为135%❶。截至2005年底淮河流域“十五”规划的项目总投资144.6亿元，仅为计划投资的56.5%。根据《2008年重点流域水污染防治专项规划考核结果》，“十一五”的前三年海河、辽河、三峡库区及其上游、黄河中上游、巢湖、滇池、太湖等重点流域的规划项目实际完成投资437.5亿元，占“十一五”规划总投资的37.7%，剩下的时间几乎不可能实现规划的投资数额。

其次是信息机制。淮河流域自1994年开始受到空前的重视，在治淮第十个年份的时候出现了大量的评估和总结性文章及材料，但是无论是官方的统计还是学者们的研究，几乎都很难给出一个准确的数据以表明治淮十年所花费的政策成本到底有多少，甚至连最基本的水质有没有改善、排放有没有得到控制都不能给出确切的结论。宋国君教授编著的《中国淮河流域水环境保护政策评估》一书可以说是迄今为止最为系统和全面对淮河流域环境保护政策评估的成果，作者也是主要研究人员之一，在书中研究者试图从各种途径去发现和说明淮河流域治理所存在的问题，但是几乎没有得到多少非常确切的结论。该书在运用所有数据时都会对数据质量进行一个评估，而评估的结果却发现由于数据质量的低下，根据已有的数据难以得出水质到底有没有改变、排放有没有得到控制、政策成本有多少的结论。作为一项专业且细致的评估，最后没有得出明确的结论，这不能不说是一个巨大

❶ 淮河流域“十一五”规划（2006～2010）。

的遗憾。研究人员抱着非常严谨和严肃的科学态度而得不出确切结论的真正原因是信息的缺失和已有信息的质量低劣。

再次是监督和参与机制。中国总体上实行的是中央集权制管理，治理结构主要是自上而下式的。这种管理体制在流域水污染防治方面既有利也有弊。一方面，我们具有一个政治、财政上非常强大的中央政府，如果应用适当，对于具有明显跨区域性质的流域水污染外部性具有集中控制的优势；另一方面，传统的科层制治理模式也导致了普通公众在流域治理中不具有相当的话语权，公众相对于具有资本力量的企业和具有政治力量的政府而言往往处于弱势地位，这也导致在流域水污染治理中公众的参与严重不足。由于我国公民社会（civil society）发育的程度较低，公众既不受到相应主体的重视，自身也缺乏参与流域治理的意识和能力。我国流域水管理方面的公众参与仅在“信息披露”层次取得了一定进展，“意见征求”层次开始发展，在不同层面都存在诸多问题（王亚华、王学军、王毅，2007）❶。

综上所述，无论从政府决心还是面临的问题来看，我们都需要一套系统的理论来指导我国水污染问题的解决。**本书的基本目的就是为中国流域水污染防治政策建立一套系统的问题诊断和基本框架设计的理论，为中国流域水污染政策（可推广到所有环境政策领域）决策的科学化、高效化提供理论支持。**

1.2　本书主要理论创新及实践意义

本书主要在对外部性理论进行完善和发展的基础上，充分吸收制度理论、政策科学等领域的重要观点，形成一套水污染防治政策设计的理论模式。

外部性的概念主要被新制度经济学家提出并应用于解释新古典经济学所不能解释的问题，特别是环境污染问题，甚至被奉为环境经济学的立论基础。外部性的概念被用于解释环境污染问题已经成为环境保护领域的“共同知识”，但是，正是这种“共同知识”的性质，使

---

❶ 王亚华、王学军、王毅将公众参与水平划分为6个层次：被忽略、信息披露、意见征求、伙伴关系、参与决策、自主管理。

得人们在外部性的探讨上停滞不前，因为人们在解释环境问题时往往认为“外部性”就已经触及到问题的根源。例如，当人们讨论流域水污染问题原因时经常会说：流域水污染问题之所以难以解决是因为具有外部性，似乎问题说到这里就清楚了。但是，实际上，外部性仍然是一个抽象概念，它本身甚至还不如被其解释的环境问题具体，因为当我们说到水污染问题时，还可以进一步认识污染物的类型、总量、对水体生态和人体健康的影响等，而外部性却看不见、摸不着。

环境经济学发展近40多年来，外部性作为其基础理论实际上起到的是“砖”的作用，该“砖”的抛出确实引发了不少的“玉”，如产权经济学、合约理论、交易费用经济学等都得以创立和发展，但是翻遍国内外关于外部性讨论的文章却发现，这块“砖”本身并没有得到应有的雕琢。尽管外部性可以用很多形象的例子（如灯塔问题、蜜蜂问题等）来解释，但它犹如一个“黑箱”，从来没有人真正试图去打开过。环境经济学中关于外部性的经典表述就是“外部效应 = MSC - MPC”，而紧随其后的问题就是：MSC（边际社会成本）并不通过真实的价格体现，难以甚至不可能衡量。因此，外部性理论本身的发展遭遇瓶颈，这也削弱了它对于环境问题的解释能力和解决能力。

在建立流域水污染防治政策设计的理论框架之前，本书通过对外部性的系统发展和创新，使外部性这个概念不再仅仅用于解释环境问题或者作为市场失灵的“替罪羊”，而是一套可以用于进行问题诊断，直接指导环境政策设计、制定、评估的分析工具，对外部性理论的创新和发展主要体现为：

（1）明确定义外部性包含外部关系和客观影响两个要素，据此对环境问题进行初步的分类，进而提出解决环境问题的基本优先序，并一定程度上阐释了环境政策目标确定与环境政策手段选择的原则，以及两者之间的关系。基于本书对外部性的重新定义，对内部化的形式进行分类：仅以货币形式内化外部关系的称为形式或货币内部化，既内化外部关系，又消除实质效应的称为实质内部化。解决外部性问题，关键是消除其影响，其次是内化其关系，并以此作为环境政策设计或评估的首要原则或标准。

(2) 基于外部效应和外部关系，提出外部性“集中度”的概念，集中度反映单位外部关系中包含的外部效应。本书提出根据外部性的集中度进行政策手段的选择，为了以最低的监管成本追求政策的确定性和有效性，从集中度的高低，依次以命令控制、经济、劝说手段为主。

(3) 建立环境外部性理论分析的基本框架，从主体、方向、范围、大小4个维度进行细化，环境问题可以在4个维度上进一步区分，这使环境政策目标确定、手段选择的依据更为具体。特别地，本书从不同角度探讨了环境外部效应的大小问题，创造性地提出了相对外部效应、相对交易费用的概念，这两个概念为政策收益的分享、成本的分担提供依据，这为环境污染问题的经济分析与利益相关者分析的结合奠定了理论基础。

(4) 梳理外部性、产权、交易费用、公共物品、信息等概念之间的关系，使之不再彼此含混不清。交易费用仍然是本书所要使用的一个核心概念，本书对于交易费用的类型划分方面有一定的创新，区分了识别和未识别的交易费用、实现和未实现的交易费用，并指出不同交易费用对于市场效率的影响。本书关于交易费用的论述，为环境保护中的技术创新、制度创新提供了理论基础。

基于以上对外部性的创新和发展，本书提出以问题为中心的流域水污染防治政策设计理论框架，分别从目标确定、管理体制、政策优先领域、政策手段等方面提出政策设计的原则和方法，并进一步应用到工业点源、城镇生活污水、农业面源污染控制政策的设计中，希望为我国的水污染防治以及环境保护政策决策的科学化起到积极作用。本书在实际应用方面的预期贡献如下：

(1) 提出流域水污染防治管理体制设置原则及建议，为中央和地方在流域水污染治理方面职能的分工提供依据。

(2) 提出流域水污染防治政策优先性排列原则和建议，有利于明确政策资源投入的方向，使有限的政策资源发挥最大的效果。

(3) 提出流域水污染防治政策手段选择及组合的原则和建议，有利于提高水污染防治政策实施的效率。

(4) 为中国流域工业点源、城镇污水、农业面源污染的控制提供政策建议。

1.3 研究内容及主要方法

首先，本研究主要关注跨界流域问题，但是“界”的范围可大可小，书中主要以我国的行政区划作为“界”的划分依据，例如跨省、跨市等流域。

其次，本研究主要针对水污染防治政策，这里有必要对水污染防治政策和水环境保护政策进行一个区分。水污染防治政策主要是指以控制水污染物排放为直接目标的政策，其控制的对象是排放源，如工厂、农场等，目标是减少控制源的污染物排放量。水环境保护的范围要更加广泛，其目标是水环境质量的改善，水质的好坏通过水体的物理、化学、生物、放射性指标对照水质标准来衡量。因此，水环境保护政策不仅包括污染排放的控制，也包括水量、水文的管理。总体来说，水污染防治政策是水环境保护政策的最重要组成部分，水污染防治政策的直接目标是减少污染物排放，最终目标是改善水质。

最后，本书主要以外部性理论为基础建立流域水污染防治政策设计的理论框架，所讨论的主要是负外部性问题，政策框架设计的内容包括管理体制、政策目标确定、政策优先性排列、政策手段选择和组合依据。关于政策设计的经典理论，如博弈论、公共选择、政治科学等理论的主要观点和理念也将被吸收进去。

本书包括四部分内容的研究，全书的研究思路见图 1-1。首先，对相关领域的理论和研究进展进行了综述，重点回顾了外部性理论的产生和发展历程，对其发展史上一些观点和争论进行了评论或批判，对环境政策的相关理论的研究进展进行了追踪。环境政策设计缺乏明确的理论依据，本书结合环境政策特点，从其他研究中归纳出环境政策设计的实施过程中可用的方法。其次，本书对外部性理论进行了创新和发展。在归纳了已有的外部性理论研究相关进展的基础上，本书重新界定外部性的概念，并从大小、方向、范围、主体 4 个维度进行细化，基于此形成环境外部性理论的分析框架。厘清了外部性、市场失灵、交易费用等相关概念之间的关系。再次，主要基于本书对外部性理论的发展，结合其他理论和方法，提出流域水污染防治政策设计的基本理论框架，包括总体框架、政策目标优化方法、管理体制设置理论框架、政策优先序的排列原则、政策手段的组合和选择。最后，运用本书建立的流域水污染防治政策设计理论框架，对我国流域工业点源、城镇污水、农业面源的控制政策进行了初步设计。

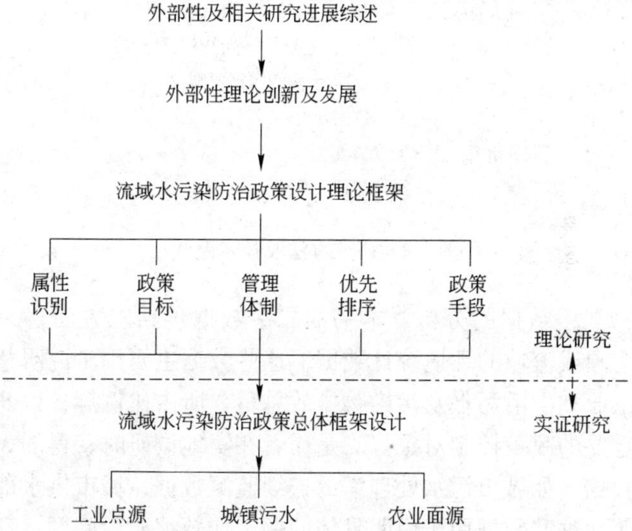

图 1-1　本书研究框架

根据以上研究框架，本书包括理论研究和实证研究两部分，主要方法包括文献分析、二手数据分析、问卷调查、深度访谈等，本书的技术路线见图 1-2。

理论部分主要运用文献归纳的方法，对外部性理论、公共政策和环境政策理论、政策设计方法等文献进行综述和归纳。在此基础上，对外部性理论进行系统创新和完善，进而提出流域水污染防治政策设计的理论框架，框架的内容包括：外部性属性识别、流域水污染防治管理体制设置原则、政策目标的确定和优化方法、政策优先性排序的原则和方法、政策手段的选择原则五部分。

实证研究部分就是将本书归纳的理论框架应用于中国流域水污染防治政策的设计。主要研究方法包括：

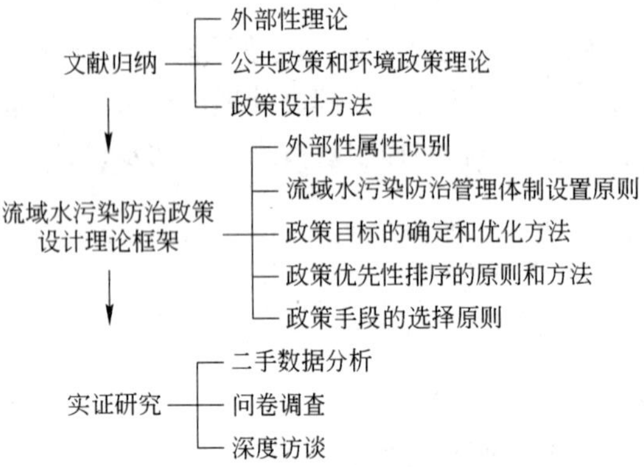

图 1-2 研究方法及技术路线

（1）二手数据的分析。本书的二手数据包括三方面，一是官方公开的全国或流域的环境统计数据，这些数据主要用于说明整体性问题，如工业和生活污水及污染物排放总量、所占比例等，以此从整体上识别重要的政策控制对象。二是作者在实地调研时获得的大量企业的监测数据，如城市污水处理厂的连续监测数据、城市供水部门的监测数据等。这些数据用于说明具体问题，如数据质量问题、环境监测问题、企业排放问题等。三是已有文献中的数据，例如污染损失数据、农业面源排放的估算数据、化肥施用数据等，用于补充说明前面的问题。

（2）问卷调查。本研究借助“国家水体污染控制与治理科技重大专项”等相关课题，在淮河流域（河南段）进行了设计总量为1000 份的问卷调查，实际回收问卷887 份。该次调查用目标抽样的方法，在河南省辖淮河流域的 11 个地级市（郑州、漯河、周口、许昌、登封、驻马店、平顶山、南阳、新乡、信阳、商丘、开封）进行了调查，主要涉及贾鲁河、颍河、沙河等淮河重点支流。本次调查的目的是获得农村水环境保护的相关信息，本书中关于农业面源方面的主要一手数据均来自于本次调研，书中将以“河南调查”代称。

（3）深度访谈。作者利用一些研究项目的出差机会在江苏、河南、辽宁等地对城市污水处理厂厂长或总工程师、水资源保护专家、地方环保局领导等人进行了深度访谈。部分访谈内容直接以专栏的形式体现在书中，还有部分只是作为支撑依据略有提及。这些访谈对于作者深入识别具体问题、完善政策设计都具有建设性意义。

2 外部性和政策设计理论研究进展综述

外部性的概念起源于19世纪末，盛行于20世纪六七十年代，之后与生态经济学、环境经济学接轨并成为环境经济学的理论基础（Andreas A. Papandreou，1998）。按照这个线索，本书将外部性理论的发展分成三个阶段，分别是：1890～1930年，外部性概念的提出以及围绕概念的论证；1940～1960年，交易费用的提出，围绕交易费用，交易费用经济学、产权经济学等得以创立和发展；1970年以后，基于外部性理论，环境经济学得以创立和发展。关于外部性的讨论集中在外部性概念的有效性和解释力探讨、外部性存在的原因和引发的后果、外部性内部化手段等问题。外部性的概念经常与无效率、政府干预、市场失灵、公共物品、界定不好的产权等词相联系。

在公共政策理论方面，本书主要继承一些广受推崇的理念和思想，如威廉·邓恩“以问题为中心”的政策分析理念。在政策设计的方法上，费用效益分析、社会网络分析、专家咨询等方法已经成为西方发达国家较为主流的政策分析和设计手段，本书主要结合作者参与相关项目研究的机会，将上述方法的思想融合到实际研究工作中。

2.1 外部性理论研究进展

2.1.1 概念的提出及争论（1890s～1930s）

外部性概念最早可以追溯到英国经济学家、剑桥学派的奠基人西奇威克（Henry Sidgwick），他在《政治经济学原理》（Principles of Political Economy，1887）中提出“个人对财富拥有的权力并不是在所有情况下都是他对社会贡献的等价物”。尽管他并没有直接提出外部性的概念，但是却基本表达了后来学者们所想表达的意义，西奇威克进一步以灯塔的例子说明要解决经济活动中的外部性问题，需要政府进行干预。

最先系统提出外部性理论的是马歇尔（Marshall，1890），他在1890年出版的《经济学原理》中指出扩大一种商品生产规模的经济有两种：一种是依赖于产业的一般发达所造成的经济，另一种是依赖于个别企业本身资源、组织和经营效率的经济。这两种经济形式分别对应"外部经济"（external economy）和"内部经济"（internal economy）的概念。最初的外部经济概念实际上类似于产业发展规模效应的意义，即相似性质的企业聚集会导致生产工具、工艺方法和技能等得到迅速交流，辅助工业也相应产生，从而使这些企业的生产率提高。外部经济的概念一经提出就引起了广泛的关注，不仅因为马歇尔在经济学界的地位，更是因为这个概念引出了政府对经济进行干预的话题。没过多久，约翰·克拉彭爵士（John Clapham，1922）指出马歇尔的观点只是一个"空盒子"（empty box），因为现实世界中没有东西和它相对应。

庇古（A. C. Pigou，1920）首次使用了外部性的概念，并用现代经济学的方法从福利经济学的角度系统地研究了外部性问题。庇古在马歇尔提出的"外部经济"概念基础上扩充了"外部不经济"的概念和内容，将外部性问题的研究从外部因素对企业的影响效果转向企业或居民对其他企业或居民的影响效果。庇古把外部性从原来作为一受动性概念转变为主动性概念，此后学者所用的外部性概念基本上遵循庇古的解释。庇古提出了私人成本和社会边际成本、私人边际纯产值和社会边际纯产值等概念作为理论分析工具，形成了静态技术外部性理论的基本理论。庇古认为，由于私人边际纯产值和社会边际纯产值的差异，新古典经济学中认为完全依靠市场机制可以形成资源的最优配置从而实现帕累托最优是不可能的。因此，政府干预成为实现社会福利的必须，政府对污染者征收等于其向社会产生的外部成本的税收，即"庇古税"成为政府干预经济、解决外部性的重要形式。这种观点得到了较多主流经济学家的追随。

在庇古区分外部经济性和外部不经济性的基础上，瓦伊纳（Viner，1931）进一步提出了货币外部性和技术外部性。其中前者是指生产者彼此之间通过市场所产生的外部性，如由于市场价格变化而造成的某种物品需求量变化；后者是指纯粹由技术或其他方面的关系而不是由市场机制所产生的外部性。他还进一步指出货币外部性不是导致市场无效率的因素，只有技术外部性才是导致市场无效率的因素。

这些都是关于外部性旷日持久争论的一个个小插曲，听起来繁琐，但是慢慢地经济学家们开始用现实中各种可能相关的东西填充这个“盒子”，如企业的合作问题、污染、交通拥堵等。外部性理论也正是在这些争论中得以丰富。尽管庇古的概念被奉为经典，但关于外部性概念的争论并没有终结，甚至现在还有相关的争论，但以后的讨论则较多地结合内部化手段来进行。

2.1.2 交易费用的提出（1940s~1960s）

外部性发展的第二阶段是交易费用的提出，在这个阶段，关于外部性的争论可谓盛极一时，外部性理论得到了极大限度的讨论和质疑，当时西方最为著名的经济学家们几乎都参与到论争之中。这个阶段的标志性成就是科斯（R. Coase）的两篇著名论文：《论企业的性质》（1937）和《社会成本问题》（1960）。科斯在前一篇文章里指出了在由价格机制主导的市场中企业存在的原因就在于价格机制的使用是需要支付成本的，这标志着交易费用学说的开始。而与交易费用休戚相关的就是产权的制度安排，产权经济学研究的核心就是如何通过合理的产权安排，降低交易费用。基于交易费用和产权这两个概念，逐渐发展起“产权经济学”和“交易费用经济学”，这两门学科构成了现代的“新制度经济学”的主要内容（樊纲，1992）。

在后一篇文章中，基于交易费用、产权等概念，科斯批判了“庇古税”的思路。科斯在提出损害的相互性后，抽象地分析了对损害负责任和不负责任的定价制度后得出结论：如果定价制度的运行毫无成本，最终的结果（产值最大化）是不受法律状况的影响的（R. 科斯、A. 阿尔钦、D. 诺斯等，2004）。这一结论后来被斯蒂格勒引注为科斯定理，即当交易费用为零时，初始产权不影响资源的配置效率。更为具体地，科斯定理由三个定理组成：（1）如果市场交易费用为零，初始的产权分配不会影响资源配置实现帕累托最优；

(2) 在交易费用大于零的世界里，不同的产权界定会带来不同效率的资源配置结果；(3) 由于制度本身也是有成本的，因此建立怎样的制度，以及怎样建立制度，将导致不同的经济效率。

科斯理论对庇古的批判体现在三个方面：第一，外部性问题往往具有相互性，不仅仅是一方侵害另一方的单向问题；第二，在交易费用为零时，庇古税没有必要；第三，即使在交易费用不为零时，解决外部效应的内部化问题要通过各种政策手段的成本收益的权衡比较才能确定，也就是说庇古税可能是有效的制度安排，也可能是低效的制度安排。通过损害的相互性、产权、交易费用以及制度选择，科斯拓展了对外部性的认识及其内部化的途径，并且把庇古理论纳入到自己的理论框架中，即科斯条件下的庇古税。在科斯的文章之后，外部性与交易费用、市场失灵、无效率、政府干预、公共物品、不完全产权等概念便结下了"不解之缘"，以后的很多争论都在围绕这些概念的关系上进行。

交易费用存在的普遍性得到了众多学者的认同。例如斯蒂格勒 (G. J. Stigler，1972) 认为交易费用对于市场而言就像自然界中的摩擦力一样，是一定存在的。威廉姆森 (1974) 用交易费用进一步解释了不同经济组织存在的原因，并将交易费用的决定因素分成"交易要素"和"人的要素"两类 (张军，1994)。

这个阶段可谓成果丰硕，如米德 (Meade，1952) 将外部性拓展到产业水平，他指出外部性可以作为投入和产出变化的后果出现。萨缪尔森 (P. Samuelson，1955) 通过调查消费指出公共消费 (实际上也就是公共物品) 的外部性问题。布坎南 (Buchanan，1962) 认为对新古典经济学市场组织的批判中心就在于外部性，如果不对价格机制进行干预，一些具有潜在收益的交易未能发生。由此而衍生出的两条结论就是：(1) 由于市场自身的无效率，适当的政府干预是必需的；(2) 替代政府干预的另一种途径就是合理地进行市场创建 (或市场完善)，使市场主体在进行交易行为时将其产生的负面效益考虑进去 (Kenneth J. Arrow，1969)。对于外部性存在的合理解释是交易费用，在交易费用为零的世界里，利己的市场主体会通过讨价还价实现潜在的帕累托改进，正是因为现实世界中实施某种交易的成本大于收益，才导致这些交易未能发生。在一些学者关于外部性或市场失灵的论述中，交易费用被认为是万恶之源（transaction costs are the root of all evil）（Tyler Cowen and Dir Fairfax，1988；Carl J. Dahlman，1979）。

弗朗西斯·M·巴特尔（Francis M. Bator，1958）将市场失灵分成三种：外部性、垄断和公共物品。但实际上，根据德姆塞茨的解释，后面两种都可以归结为外部性的子类。

“在一个没有交易费用的世界里是不会有垄断带来的市场低效的，因为购买者和生产者都可以通过谈判从减少和消除市场低效中获利。垄断所带来的负面影响就是垄断生产者可以脱离市场竞争的制约，为了获得超额利润，结果就是消费者的需求得不到充分满足，这就是消费的外部性，即消费者的效用受到垄断者效用最大化行为的影响，而交易费用阻止了改变这种垄断的行为的发生，公共物品问题也有类似的性质。”（Demsetz，1968；作者译）

张五常对外部性（在他的论述里被称为“界外效益”）的批判可以说是最为激烈的，张五常对于外部性的批判的逻辑是这样的（详见：张五常，2000；姜建强，2006）：

首先他反对“无效率”之说。经济学家们将现实的资源配置状况与帕累托最优状态对比，只要发现现实状况不满足帕累托最优条件，都属于无效率。德姆塞茨将这种分析戏称为“天堂经济学”（Nirvana Economics），张五常更是认为这些“无效率”之说属无稽之谈。张五常认为，之所以有人提出“无效率”之说是因为他们采取的是局部均衡分析，而在局部均衡中有些局限条件被忽视或漠视了，如果采取一般均衡分析，将所有真实世界的局限条件都考虑到，就不存在无效率，而通常被忽视或漠视的局限条件就是交易费用。所谓的“无效率”实际上并不是真正的无效率，而是局限条件下的最大化。

接下来，他指出外部性之所以导致其他经济学家认为的所谓“无效率”，是因为：（1）没有私产，所以没有市场合约；（2）有合约，但使用条款不够齐备；（3）有齐备的合约条款，但某些使用的利益与损失在边际上不相等。正是因为交易费用的存在，才导致以上三个方面的不完备，而现实中完备几乎不存在，照此而言，外部性导致的“无效率”铺天盖地。界外效益（张五常对外部性的称谓）的多种理论的产生，是因为好于该道的人忽略了合约是结构性的，而那所谓的“界外”，只不过是他们没有想到合约的结构可以包罗万象。“界内”、“界外”是模糊不清的理念，外部性理论是一个模糊不清的特殊理论。他甚至不无愤慨地说“界外效益”胡说八道，是谬论。张五常认为既然“外部性”概念含糊不清，那么不如用“合约理论”来解释那些解释不清的事情。

对于以上各大名家的观点，本书有以下两点评论：首先，作者赞成张五常关于“界内”和“界外”的说法，也就是说“界外效益”是相对的，取决于“界”的大小。但是作者不赞同张认为“外部性概念属于胡说八道”的观点。张五常先生的观点是：既然有些时候可以说外部性存在，有些时候可以说外部性不存在，那么外部性这个概念就没有意义。这种逻辑显然是站不住脚的，经济学研究的很大一部分就是关系研究（如收入分配、资源配置等），而关系本身就是相对存在的，各种关系的存在与否都取决于它们所依附的主体以及范围。作者对于张五常的遗憾在于他准确地指出了外部性是以一种相对关系的形式存在的，却认为这种关系没有意义，因为他认为只要“界”的范围足够大，就没有外部性可言。诚然，这种观点并不是没有道理，但这是一种消极的逃避问题的态度。现代世界是多元、分层的，人类进入现代化的进程正是从“混沌”到“分离”的过程，把“界”划定得无限大，实际上在人为制造一种“混沌”的状态，这不得不说是一种历史的倒退。在一个保护私权的社会，“界”就应当尽量分明，不能用“肉烂在汤里”的逻辑去掩盖界限模糊对个人带来的损益。外部性研究的重要价值就在于对“界”的识别和划分，并试图在不同的“界”的范围内实现帕累托改进，最终实现总体的帕累托改进。

其次，作者赞同大部分学者关于交易费用的论述，也就是说现实世界少有“完备”的状态，交易费用不可能为零，帕累托最优是不可能的状态。因此本书不太赞同“市场失灵”的说法，因为市场永远不可能“灵”，经济学家们实际想表达的是市场低效的概念。相同的意思本书将尽量使用“市场低效”来表达，在有些地方为了与普遍的说法一致，部分使用“市场失灵”这种表达。

既然交易费用为零的世界是乌托邦，倒不如承认交易费用的“非负性”是市场经济的自有特质，即使再有效率的市场也会有交易费用，有些时候，交易费用甚至为某些产业或就业提供了可能。例如股票交易市场，如果没有丰厚的佣金，当然就不会有股票交易所、证券分析员的存在，正是这些交易费用被用于促进和完善交易市场。所以，关于交易费用是“万恶之源”的论断过于武断，合理的交易费用并不会导致市场低效，却会促进市场的完善和发展，从而实现帕累托改进。那么交易费用和外部性、市场低效有什么关系呢？本书认为，不是所有的交易费用都导致了市场低效，导致市场低效的只是一部分，而这部分费用就是没有被“实现”的交易费用[1]。换句话说，只要交易费用被实现，即交易达成，就证明交易费用小于交易收益，交易是有效的。未被实现的交易费用又包括两种：一种是已经被识别，但是尚未被实现的；另一种就是尚未被识别的。因此，市场的改进首先就是要降低那些已被识别的交易费用，使其到达一个低到足以产生交易的水平，促进交易费用的“实现”；另一方面就是要识别那些“未被识别的交易费用”，这本身就需要一定的交易费用，一方面是信息成本，另一方面是制度成本。外部性内部化只在一定程度内是市场的改进，并不是要花尽所有的力气将其100%内部化，而是要考虑内部化的成本（也就是交易费用），实现有效的内部化。也就是说，一定程度的外部性是可接受的，甚至是“有效的”。盲目追求高程度的外部性内部化，可能导致政策或市场的更加低效。

总之，在这个阶段，外部性的概念受到极大的挑战，但是围绕外

---

[1] 这个观点与张五常的观点既有相似又有区别。张用的“识别”二字，而本书用的是“实现”。本书赞同张将交易费用区分成“被识别”和“未被识别”的两类，现实世界中我们所知的交易费用都是已被识别的。现实中，令我们烦恼的事情就是一些交易费用明明已经被识别，却由于过高而阻碍一些交易的发生。而对于尚未被识别的交易费用，我们连它是什么都不知道，肯定是造成了潜在的损失，但是尚未被认识到。因此，有必要对已被识别的交易费用进一步细分，分成已实现和未实现的两部分。那么，造成市场低效的交易费用实际上由两部分组成：“未被识别的”和“已被识别却尚未被实现的”。关于交易费用的分类，本书第3章会有更为详细的论述。

部性的讨论，也使得交易费用经济学、产权经济学、契约经济学（即合约理论）等相关理论得以创建和发展。但是，在这些论争中，关于外部性、市场失灵（市场低效）、公共物品、产权、交易费用等概念之间的关系，却混乱不清，后文将详细梳理。

2.1.3 与生态经济、环境经济学的接轨（1970s 至今）

外部性理论发展的第 3 个阶段是近 40 年来与生态经济学、环境经济学的接轨。对于一些经济学家而言，外部性几乎成为环境污染的代名词，外部性以及上文提到的围绕外部性的许多词语被理论化（如福利经济学、产权经济学、交易费用经济学等），并作为环境经济学的立论基础。外部性的内部化成为环境经济学和环境政策学的最主要目标，此阶段最具代表性的著作是威廉·鲍默尔（William Baumol）和华莱士·奥茨（Wallace Oates）合著的《环境政策理论》（1975 年第 1 版，1988 年第 2 版）。在该书中，他们把外部性定义为两个条件（Baumol and Oates，1988）：

（1）在个体 A 的效用或生产关系包含了一些实际的（即非货币的）变量时，他的价值被别人（个人、企业、政府）所选择，而他的福利所受的影响却并没有得到考虑；

（2）其行为影响到别人或进入别人的生产函数中的经济决策者，并没有得到等同于其行为对别人所造成影响数额价值的补偿（或支付）。

这两个条件可以分别简述为：外部效应的受体的福利受到影响但没得到考虑，施体“不经意间”影响了别人但没得到或支付补偿。尽管他们将外部性定义为两个条件，但是两个条件对于判断是否存在外部性的作用并不相同，条件（1）是充分必要条件，而条件（2）则是必要条件，只有在外部性产生的都是不经济影响时构成充分条件。也就是说，只要满足条件（1）就可以说是外部性。根据以上两个条件，本书发展了如图 2-1 所示的 4 种可能，图中 A 表示受影响的客体（受体），B 表示施加影响的主体（施体），G 表示政府，箭头的方向表示补偿的方向，并假定补偿的额度足以抵消所有的外部效应。

图 2-1（a）表示政府通过某种干预，使 B 直接对 A 所受的损失进行补偿，条件（1）、（2）都不再存在，外部性被消除；

图 2-1（b）表示 B 将补偿交给政府，由政府再分发给 A，条件（1）、（2）都不再存在，外部性被消除；

图 2-1（c）表示 B 将补偿交给政府，但是政府不分发给 A，可以理解为补偿并没有用于治理污染，条件（2）不存在，条件（1）还存在，外部性依然存在；

图 2-1（d）表示 B 没有任何补偿，但是政府给 A 补偿，条件（1）不存在，条件（2）存在，由于本例子举的是污染问题，因此外部性也仍然存在。

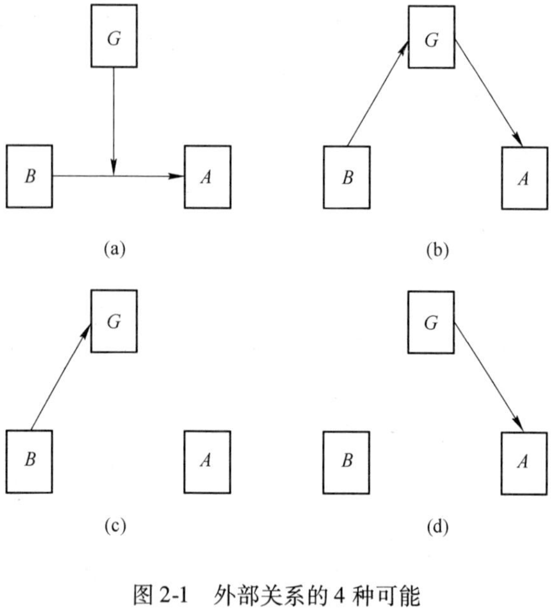

图 2-1　外部关系的 4 种可能

鲍默尔和奥茨在书中将外部性分成可耗尽（depletable）和不可耗尽（undepletable）两类。可耗尽的外部性是指一个人的享用使得另一个人可享用的数量或质量下降，例如公共交通；不可耗尽的外部性是指一个人的享用不影响其他人可享用的数量和质量，例如国防。

该书进一步指出无论对于可耗尽还是不可耗尽的外部性，都可以通过庇古税的手段解决，并且只向排污者征税或费，对于受害者不应当提供任何激励。伯德（Bird, 1981）认为可耗尽和不可耗尽不是外部性的区分，应该区分的是可转移（transferable）和不可转移（untransferable）。弗里曼（Freeman, 1984）同意鲍默尔和奥茨的分类，但是在是否需要对受害者进行补贴上具有不同的意见。《环境政策理论》1988 年发行第 2 版后，在当年第 15 期的《环境经济与管理杂志》（Journal of Environmental Economics and Management）上，同时刊发了 3 篇论争性文章，作者分别为派斯金（Henry M. Peskin）、伯德和奥茨，其中也涉及到之前弗里曼的文章。争论的焦点就是对外部性的分类。首先是派斯金对上述两种分类方法都提出了质疑，他认为无论是可耗尽与不可耗尽，还是可转移与不可转移两种分法都忽视了与拥挤相关的外部性，例如拥挤的海滩问题（Peskin，1988）。派斯金同意鲍默尔和奥茨对于外部性两个条件的定义，但是他认为人们普遍把外部性作为一种“条件”混同于一种“客观事物”，特别是不好的事物，例如烟雾、酸雨、水污染等，但是“拥挤”却不像上述例子一样是客观存在的一种事物。伯德紧接着作出了回应，他认为拥挤既可以被归为可耗尽或不可耗尽中的一类，也可以被归为可转移或不可转移中的一类（Bird, 1988）。奥茨也作出了回应，他认为在拥挤问题中，人们既享受着公共物品的正效用，但也承受拥挤的成本，这跟污染问题一样，污染者自己也承受一定水平的污染（Oates, 1988）。

鲍默尔和奥茨的《环境政策理论》在环境经济学、环境政策等领域享有极高的声誉。他们非常规范地运用经济学语言对该书中涉及的环境政策进行了论述。但是该书仍然存在以下问题：

(1) 对外部性的概念没有突破。两位作者作为环境经济学领域的学者，对于环境外部性的认识并没有突破之前经济学家们的一般认识，即把外部性定义为某种关系，而没有把其中包含的客观的环境效应分离出来，没有加进环境经济学者对于环境问题的更加专业和直接的理解。关于外部性的概念，本书将在第 3 章详细叙述，将其进行“关系”和“效应”的二分法定义，把环境效应从外部关系中分离出来应当是环境研究者区别于其他经济学研究者的重要方面。实际上，派斯金在其研究中几乎碰触到了这个问题，他批判“人们普遍把外部性作为一种‘条件’混同于一种‘客观事物’”。实际上他所提到的“条件”和“客观事物”就类似于本书将提出的“关系”和“效应”。但是遗憾的是他并没有建立二者之间辩证统一的关系，而是把二者作为两种不同类型的外部性问题去对待，例如把拥挤问题归纳为“条件”的范畴，把烟雾、酸雨、水污染等归结为“客观事物”的范畴。

（2）对环境政策讨论的范围过于狭窄。书中讨论的环境政策基本局限于税收或收费、可转让的许可证、环境标准三种手段。这可以说是过去所有关于外部性内部化手段讨论的文献的缺陷。原因是经济学家们把环境问题看做是纯经济问题，而且“前辈”经济学家（庇古、科斯等）给出的“药方”只有征税或排污权交易。相比一般的经济问题而言，环境问题的特殊体现在许多方面，例如环境问题的社会性、环境问题影响的持续性等。如果考虑到这些特性，环境政策选择的范围则会更加宽广。可以说，传统的对于环境外部性的讨论，并没有很好地把外部性理论和除庇古手段、科斯手段之外的政策手段连接起来，例如现代化的信息传递、公开手段。

（3）某些基本假设可能不正确。在讨论污染减排的边际收益和边际成本时，作者的基本假设就是污染减排的边际成本递增而边际收益递减。本书认为这个假设可能是不正确的，因为在这个假设里没有考虑规模效应。以城市污水处理为例，在一定规模以下，边际处理成本可能是递减的，因为在这个规模以内多处理 1 吨污水所增加的成本是降低的。对于边际收益也是一样，也存在规模效应，对于人体健康而言，这个合适的规模可能取决于剂量-反映关系。当污染很严重时，第一个单位污染的减排对人体健康来说可能毫无感觉，直到第 n 个减排发生后，污染排放进入人体可承受的临界值以内，这个单位的减排所增加的效用可能是最大的，到第 $n+1$ 个时，由于已经进入了人体可以接受的范围，边际效益开始递减。当然，本书的假设尚需要通过实证研究去证明，但显然本书的逻辑推理更加接近于现实状况。基于以上逻辑，后文将会重新对传统经济学家的基本模型进行修正。

泰坦伯格的《环境与自然资源经济学》是环境经济学领域的又一部重量级作品。但是在这部著作里，作者只在第3章花了很小一部分笔墨在外部性上面。作者认为外部性被认为是市场失灵的原因之一，由于污染外部性的存在，商品的产量会过大，因此大量的污染产生，而对污染负责的价格又太低，由于污染的成本是外在的，因此市场没有动机寻求单位产量商品产生污染少的办法，对污染物的循环使用和再利用也缺乏鼓励（Tom Tietenberg，1992）。

综上可见，外部性仅仅是作为一个解释环境问题的概念被引入进来，环境经济学家对于外部性的认识并没有突破上文中提到的主流经济学家认识的局限。就连《环境政策理论》的两位作者也认识到了外部性理论在解释环境污染的存在上能给我们提供一定的帮助，但是离形成具备可操作性的正确环境政策工具还有一定的距离（Baumol and Oates，1988）。对环境政策讨论的范围过于狭窄是一个原因，另外围绕这个概念，长久以来更多的只是争议，而不是对理论本身的发展，由于对概念本身缺乏统一的认同，这也使讨论难以深入。

外部性的概念从提出至今一直在争议中蹒跚前行，以下专栏对外部性的经典定义进行一个归纳。

专栏2-1：外部性的概念小结

马歇尔： 相似性质的企业聚集会导致生产工具、工艺方法和技能等得到迅速交流，辅助工业也相应产生，从而使这些企业的生产率提高。

萨缪尔森和诺德豪斯： 外部性是指那些生产或消费对其他团体强征了不可补偿的成本或给予了无需补偿的收益的情形。

兰德尔： 外部性是用来表示“当一个行动的某些效益或成本不在决策者的考虑范围内的时候所产生的一些低效率现象：也就是某些效益被给予，或某些成本被强加给没有参加这一决策的人”。

庇古：私人成本（收益）与社会成本（收益）的差异。

西多夫斯基：一个生产者的利润受到其他生产者的行为影响的时候就有外部性。

米德：一种外部经济（或外部不经济）指的是这样一种事件：它使得一个（或一些）根本没有直接（或间接）地参与到决策中的人得到可观察的利益（或蒙受可观察的损失）。

赫勒和斯达雷特：对于某种商品，如果没有足够的激励形成一个潜在市场，而这种市场的不存在会导致非帕累托最优的均衡，此时就出现了外部性。

2.1.4 外部性作为原因和外部性作为现象

外部性最初是用来解释一些具体的现象，如道路拥挤问题、环境污染问题，但后来学者们试图去发现这些具体问题之后所蕴含的共同特点，也就是探寻外部性产生的原因。

2.1.4.1 外部性作为市场失灵的解释

在庇古的《福利经济学中》，作者是把外部性作为解释一些市场失灵现象的原因来看待的，他以两条公路为例，其中一条足够宽敞但是路面很差、道路等级较低，而另一条较窄的道路则等级较高。由于司机们不用考虑道路的成本，他们显然倾向于使用优质的道路，直到使用优质道路的边际成本与使用劣质道路的成本相同，司机们才开始使用劣质的道路。这就导致优质的道路往往被过度利用，从而造成拥堵，庇古认为造成拥堵的原因就在于“外部不经济”。

关于道路拥挤的问题同样也可以用公共物品来解释。根据消费的竞争性和排他性的强弱，可以把物品分为四类：具有强烈竞争性和排他性的私人物品；非竞争、排他的俱乐部物品；竞争非排他的准公共物品；非竞争非排他的（纯）公共物品。后三种都可以归为广义的公共物品范畴。优质道路具有准公共物品的性质，在拥挤产生之前，每增加一个消费者的边际成本是零；而达到该点之后，每增加一个消费者的边际成本开始上升；当达到容量的最大限制时，增加额外消费者的边际成本趋于无穷大（堵车堵到大家都走不动）。

		竞争性 强	竞争性 弱
排他性	强	私人物品	俱乐部物品
	弱	准公共物品	公共物品

类似的问题同样可以用产权、信息、交易费用等概念来解释。优质道路的拥挤源于其私有产权的性质不明确（这与公共物品的解释基本一样，实际上公共物品本身就是产权不明晰的一个特例，后文将会具体论述）；拥挤也可能源于司机们不知道优质道路上有多少车，而自己可能就成为了造成拥挤临界的最后一个，否则的话他们宁愿走另外一条道路品质差却行驶畅通的路；为什么不建两条同样优质的道路呢？这可能是因为第二条优质道路的建设费用已经超出了支付能力，而道路的建设费用当然可以被归为交易费用的范畴。

总之，有的经济学家认为经济学曾经面临的和正在面临的问题都是外部性问题。前者是或许已经消除的外部性，后者是尚未消除的外部性（盛洪，1996）。外部性有时又与交易费用画上等号：外部性的实质是界定产权的外生交易费用同不界定产权引起的内生交易费用之间的两难冲突（杨小凯、张永生，2000）。也就是说，只有当进一步界定产权花费的外生交易费用能由因此带来内生交易费用的减少来补偿时，产权才会明晰，交易才能进行，外部性才能被内部化。外部性、交易费用、产权不清晰、市场失灵等概念之间没有清晰的边界。

由此可见，如果把外部性作为解释现象的一种原因的话，这个概念就几乎没有它独特的“魅力”，因为其他概念同样可以解释它能解释的现象。这也是很多经济学家对外部性概念不认同的主要原因，那就是他们（或他们所批判的外部性理论家，例如庇古）把外部性当做解释问题的原因，而同样的问题当然可以从多种角度去解释，例如公共物品理论、合约理论同样可以用于解释上述环境污染、拥堵等问题，这就导致外部性概念没有专有的解释力。因此，对外部性理论的发展，首要的就是将其与其他概念区分开来。

2.1.4.2 外部性作为现象被解释（探寻外部性产生的原因）

将外部性作为一种现象来解释实际上是将外部性的概念提升了一个层次，也就是把外部性作为一种结果，它与事物所表现出来现象（例如上文的道路拥挤现象）的关系只是抽象和具体的关系，而不是原因和结果的关系。那么接下来的所有解释就是去为外部性寻找原因了，这样就把外部性和产权、公共物品、信息等概念区分开来。从这个角度出发，上文中用公共物品、产权、信息等解释拥堵现象的例子也就成了用这些概念或理论去解释外部性了。

“芝加哥学派”元老级人物奈特（Knight，1924）认为过度拥挤虽然与“外部不经济”有关，但产生“外部不经济”的原因是对稀缺资源缺乏产权界定，若将稀缺资源划定为私有，外部不经济将得以克服。他进一步用深海捕鱼的例子说明了如何通过界定产权避免过度捕捞的问题。

米德认为外部性产生的原因是交易的不充分（詹姆斯·E·米德，1992）。他以修桌子的例子阐释了这一观点：当“我”请一位木匠修理时，“我”和木匠都充分参与到了这项交易，修理桌子所产生的噪声不会使二者感到烦恼。但是如果邻居正在午休的话，他被噪声吵醒，而他却完全是这项交易的局外之人，因此对于邻居而言是有外部性的。米德进一步提出，对于某种决定来说，有些人完全是外部的，还有一些人在决定中是一个不完全的参与者。上述修桌子案例中的邻居属于完全的局外人，因此修桌子的噪声对邻居产生了外部性。为了进一步说明不完全的参与者，他进一步举了父母强迫小孩上学、奴隶主强迫奴隶劳动等例子。在如何判断是不是完全的参与者时，他提出：只要一个人在任何一个决定中可以使用否决权，而他却没有使用这项权利，那么在这个决定中，他就是一个完全的参与者。但是米德没有进一步对否决权进行更为清晰的界定，特别是否决的对象，是对输出有害影响的行为进行否决，还是对被动接受有害影响的行为进行否决，这涉及到公平或者产权问题，也是至关重要的。但是遵循米德所举的修桌子的例子，基本可以推断他所说的否决权是对输出有害影响的行为的否决。也就是说邻居没有否决修桌子行为的权利，因此他是没有完全参与交易的。但是，在现实中，有些影响是不需要通过交易就会发生的，受影响者天生就没有否决权。如吸烟，从抽烟者把香烟点燃的那一瞬间，如果他身边的人不能否决吸烟者的吸烟行为，就别无选择地要接受“二手烟”的影响。这也进一步说明了在讨论外部性的时候，外部性所造成的效应是首要的，在有些效应中包含了在现有制度安排下不可避免的外部关系。这也使得用否决权作为交易充分与否，进而外部性是否存在的判据不够充分。

布坎南和塔洛克（Buchanan and Tullock，1962）的“强制性”(coercion) 解释部分地补充了米德在交易充分判据的缺陷，他们认为外部性的发生应该具有“强制”（coercion）的特性。例如，在经典的发电厂和洗衣店的案例中，发电厂的决策缺乏洗衣店的“一致同意”，是处于洗衣店的控制之外的，他们只能被动地接受发电厂的存在，因此发电厂对洗衣店存在“强制”。

亚历克·诺弗（Alec Nove，1983）指出，外部性的出现不是因为所有权的分离，而是因为决策单位的分离。例如，在同一所大学里，一个学院由于课程时间表的变化会对另一个学院的时空分配造成影响，这种影响就可以叫外部性。诺弗认为决策者的权利空间是不同的，这一方面源于决策者的利益差别，另一方面源于彼此的信息差异（决策者也许对决策的结果是无知的）。如果继续挖掘诺弗的论述，就可以发现其中包含了信息不对称是导致外部性的原因之一。

综上所述，本书作者所赞同的是：外部性可以被归纳为一些问题或现象的共同属性，反过来它也可以用来解释或者识别具有这类共同属性的问题；但是更有意义的是，应当更加深入地挖掘产生这类共性的原因，从而寻找解决问题的途径。因此，本书更加倾向的是把外部性作为一种现象，研究的目标就是对这类现象进行解析，并对其所产生的问题进行解决。从这一点出发，再回过头看前面的文献就可以发现：产权、参与交易的充分程度、强制性、决策主体的隔离或信息不对称，都是从不同角度理解外部性的某种解释，或者它们可以用来解释不同情况下的外部性。那么反过来说，解决外部性问题，不能武断地说哪种方法一定优于另一种，而要看该问题的具体症结，以及拟采取的手段的交易费用大小。

2.1.5 外部性内部化的手段

关于外部性的内部化，长期以来都存在着庇古传统和科斯手段之争，两种手段经过不断发展都有不少变体，但是其根本旨义并没有偏离最初的庇古和科斯思想，因此本书仅对经典的庇古手段和科斯手段进行简要的回顾。

对于外部性的内部化，庇古首先给出了解决办法。按照庇古的观点，导致市场配置资源失效的原因是经济当事人的私人成本与社会成本不一致。纠正外部性的方案是政府通过征税或者补贴来矫正经济当事人的私人成本（Yew-Kwang Ng，1971）。只要政府采取措施使得私人成本和私人利益与相应的社会成本和社会利益相等，则资源配置就可以达到帕累托最优状态。这种纠正外部性的方法也称为“庇古税”方案。基于企业利润最大化的基本假设，最优庇古税所要满足的条件为：

$$\mathrm{Max}\ [pq_i - c_i\ (q_i,\ a_i)\ - Te_i\ (q_i,\ a_i)]$$

式中，p 为产品价格，q 为产量，i 是一个企业，c 是产品的生产成本，a 是污染削减量，e 是污染物排放量，T 是庇古税，产量和削减成本恒为正。一阶充分必要条件为：

$$p = c'_q + Te'_q$$
$$c'_a = -Te'_a$$

由此可见，最优庇古税的制定对于信息的要求是非常高的，决策者必须掌握企业的生产成本函数和污染物的排放情况。这也成为庇古方法的最大挑战。并且，征收成本似乎没有被体现。

科斯对庇古的思想提出了根本性的批判。首先，科斯认为到底是允许甲伤害乙还是允许乙伤害甲，这需要产权的界定，不能武断地对某一方征税。其次，在交易费用为零的情况下，征税根本没有必要，双方能够通过资源谈判达到最优。第三，交易费用不为零时，庇古税可能是有效的制度安排，也可能不是，主要取决于交易费用的大小。这些批判就是科斯定理的原旨，关于科斯定理前文已经引用，这里不再赘述。在科斯条件下，庇古税本身将造成资源配置的失误（马中，2006）。

事实上，庇古传统框架与交易费用是隐含地结合在一起的，正如戈登伯格（Goldberg, 1976）所指出的，庇古传统把世界分成两类：市场能够完全处理的物品（零交易费用世界中的标准品）和市场完全不能处理的物品（存在巨大交易费用的外部性），而且它假定公共干预的费用为零。科斯的替代方案则界定了三类交易（制度安排），对应着三类交易费用：一是市场交易费用，二是企业内组织交易的行政费用；三是政府组织交易的行政费用，即中央计划的行政费用（陈富良，2005）。总之，到底哪种制度安排有效，取决于交易费用的大小。

2.1.6 国内关于外部性的研究

作为在海外知名的华人经济学家，我国学者张五常参与了上文中提到的西方经济学界关于外部性的那些大讨论，并提出了其独到的见解，在产权经济学、交易费用、合约理论等方面做出了巨大的贡献。国内的学者从20世纪90年代开始，在追随和继承西方学者的大讨论的基础上也开始了对外部性的研究。最初是较为主流的新制度经济学家们延续对外部性概念的讨论，后来环境经济学家开始将外部性、产权等概念和理论引入环境政策领域。

2.1.6.1 关于外部性概念的讨论

盛洪（1995）认为外部性定义均存在一定的缺陷，未能将外部性的概念进行客观、准确的表达，他认为，当一个（或一些）人没有全部承担他的行动引起的成本或收益时，反过来说，有人承担了他人的行动引起的成本或收益时，就存在着外部性；而其实质，恰恰可以用外部性这个词本身来解释，即存在外部性的结果，是社会因消除外部性所可能获得的潜在收益，外部于社会所有成员，并且他认为，未能建立起有效的产权制度是外部性产生的重要原因（盛洪，1999）。对于外部利益是否能够内部化，盛洪认为这主要取决于交易费用的多寡，而影响交易费用的原因主要有度量、界定交易客体的难度和相关的人数两方面：前者的难度越大，或者说不可分割性越强，则交易双方越难以达成一致的意见，如环境问题等；相关的人数越多，实现一致同意所需的时间就越长，并且在达成协议后的违约几率也越大，因而达成并维持契约也就越困难。盛洪将环境问题视为典型的外部性问题，即由于人与人在成本和收益承担上的交叉，导致了人们生活其中的自然状态比假如不存在外部性问题时要差，也就是说人类可能从自然界中获取的潜在利益外部于整个人类。

此外，国内的一些经济学家对外部性概念提出了质疑，以张五常和杨小凯为主，他们分别是新制度经济学和新古典发展经济学的代表人物。张五常运用超边际分析，对庇古对于公共产品和外部性的边际分析进行了批评。他所支持的内生外部性水平理论认为，外部性水平是由界定及行使产权的交易费用与不明晰行使产权带来的扭曲之间的两难冲突决定的。这一理论后来被国外一些学者和杨小凯等人的一些模型形式化了。特别是杨小凯、黄有光和刘孟奇研究了扭曲、交易费用、总合生产力以及分工水平之间的内在关系。许多委托-代理关系模型、交易费用和内生专业化的一般均衡模型和策略交互作用的博弈论模型则是将关于产权、交易费用、合约及制度的思想形式化了（杨小凯、张永生，1999）。

对于以张五常等人为代表的新制度经济学家们提出的从产权理论、合约理论角度考察外部性的理论，国内有学者认为，虽然新制度经济学的外部性理论从理论上来说具有重大意义，但是其主要结论——科斯定理的假设条件较为苛刻，在现实中难以满足，因而其理论难以成为经济政策的理论基础。张五常的外部性理论则是将科斯的理论发展到了极端，认为外部性并非经济决策中的外生因素，而是将其内生化。其理论的最大缺陷就是完全集中于理论层面的讨论，而缺乏了操作性（徐桂华、杨定华，2004），在一定程度上丧失了对政策的指导意义。

沈满洪、何灵巧（2002）在其《外部性的分类及外部性理论的演化》一文中，总结了杨小凯在《新兴古典经济学和超边际分析》一书中对于外部性概念的批判的主要观点，包括以下几点：（1）交易费用为零时，不同的产权安排都能导致资源配置的帕累托最优。既然交易费用为零，就不存在外部性，或者说外部性概念是没有意义的。如果存在外部性也只是想象中的初始状态，由于自愿协商马上就会离开这一初始状态。(2) 有了交易费用概念就不需要外部性概念，传统的外部性问题实质是交易费用问题，即节省界定产权的外生交易费用与节省产权界定不清引起的内生交易费用之间的两难冲突问题。(3) 应该用内生交易费用与外生交易费用来替代外部性概念，或者说把外部性内生化。杨小凯把所有经济问题的本质都看做是交易费用问题。在杨小凯等的新兴古典产权经济模型中就内生了外部效果。沈满洪等人认为，马歇尔、庇古、科斯的外部性理论是在古典经济学的基础上发展起来的，张五常的新制度经济学理论和杨小凯等的新兴古典经济学理论也是来源于古典经济学。它们是同根同源，但只是朝着不同的方向发展罢了。

2.1.6.2 环境外部性

由于环境经济学者在外部性概念方面尚没有较大的突破，导致了对环境外部性的讨论局限于新古典经济学家们所给定的范围，缺乏与环境特性的内在联系。国内的环境经济学者对于环境外部性的讨论主要有以下几种观点。

张军等（2001）认为厂商受到利润动机的支配而过度地开采自然资源，但一般又不会主动选择对环境进行治理，而将治理由于开采而造成的环境损害所需的成本转嫁给了社会。由于环境损害造成的社会成本要远大于私人成本，结果使得资源的真正价格并没有体现出来，是典型的外部不经济性。解决的办法是使外部成本内部化，其中一个主要途径就是采用经济手段对外部不经济进行补偿，如向经营商征税等。

马中、蓝虹（2003）倾向于产权学派，认为外部性问题的实质就是由于市场中存在着尚未界定清楚的权利边界，从而导致资源的市场价格与相对价格的严重偏离，外部边际成本就是资源的市场价格与相对价格的差值。对于环境外部性问题的解决方案就是明晰产权和市场交易，因为环境资源产权一旦明晰，就能使环境资源的相对价格在市场交易中反映出来，使环境资源的市场价格等于相对价格，从而纠正价格扭曲，使外部成本内在化，使价格机制可以发挥正常作用，从而实现市场对环境资源的优化配置。

赵红（2004）综述并对比了“庇古税”和可交易的排污许可证在环境外部性内部化中的应用，认为交易费用是政策工具选择的核心。

支持以交易费用为外部性理论基础的学者提出要在我国环境政策中建立自愿参与制度。外部性表面上看是产权不清晰的问题，而实质则是产权背后过高的交易费用阻碍了产权的清晰界定。在张五常看来，是合约不完全的问题。由于界定环境产权并且通过市场机制执行这种产权的交易费用过高，因此，解决环境外部性问题的关键在于要建立一种能降低制定和执行环境产权的交易费用的制度。当排污权交易等正式制度的交易费用非常高时，就需要非正式制度来协助发挥作用，例如自愿性的环境协议、鼓励公众参与使用（张学刚，2009）。

张智玲、王华东（1997）在其《环境外部不经济性分析及其发展》一文中认为外部不经济很大程度上是由于人类的生产生活活动对周围环境产生影响、损害，从而通过环境这个中介对其他的生产与消费造成间接影响，而环境所具有的不可替代性和公共性又是造成这种影响的主要原因。据此，他们对环境外部不经济进行了简单的分类，即生产者对其他生产者与消费者的影响以及消费者对其他生产者与消费者的影响两大类。

宋国君、金书秦等（2007）对环境外部性理论进行了系统的研究和发展，提出外部性实际上就是指现实经济中存在帕累托改进的机会，外部性的大小等于最优内部化手段实施后产出的增加。基于从时间和空间两个维度对外部性的分类，提出环境管理的基本模式：中央政府负责跨省和跨代的外部性问题；省级政府负责跨市的外部性问题。

国内学者对于外部性及内部化手段的研究基本是对西方学者的追随，并没有突破西方学者在20世纪六七十年代的认识。

2.2　环境政策设计理论研究综述

2.2.1　公共政策理论

环境政策是公共政策的一个子类。艾斯顿（Robert Eyestone，1971）给出了对公共政策的最广泛定义：公共政策就是政府机构和周围环境之间的关系。拉斯韦尔（Harold D. Lasswell）被认为是政策研究的先驱，他和卡普兰（A. Kaplan，1952）将公共政策定义为：一种含有目标、价值与策略的大型计划。戴维·伊斯顿（1993）认为“公共政策是对全社会的价值做有权威的分配，一项政策的实质在于通过那项政策不让一部分人享有某些东西而允许另一部分人占有它们”。王良伟（2008）认为公共政策的制定、执行过程其实是一个对社会利益的分配过程。由上可见，尽管大家对于公共政策的定义有所不同，但也不乏广泛的共识，那就是公共政策是与价值、利益直接相关的，其中还包含了“调整”的意义。环境政策是国家（不仅指政府）为保护环境所采取的一系列控制、管理、调节措施的总和（夏光，2001）。从内容上看，环境政策是指最终目的是保护环境的，包括国家颁布的法律、条例，中央政府各部门发布的部门规章等和省人大颁布的地方条例、办法等的总称；从范围上看，环境政策包括环境污染防治政策、生态保护政策和国际环境政策（宋国君、马中、姜妮，2003）。环境政策的本质也是价值或者利益分配，体现国家为了保护环境而做出的各种制度安排、改进与创新。水污染防治政策的目标是直接或间接控制水环境污染物的排放，具有公共政策的一般特性。

在制度化相当发达的现代社会，公共政策已经成为维护国家机器日常稳定运行的重要工具（Oliver E. Williamson，2000）。在社会治理中，良治需良策，制度安排的作用将越来越重于人的作用（Ann Crabbe and Pieter Leroy，2009）。联合国亚太地区经济和社会委员会（UNESCAP）在2008年发布的一份报告中总结了“良治”的8个特点，这8个特点也可以作为对公共政策的基本要求，如图2-2所示，这8个特点分别是：（1）参与性：公民直接或间接通过立法机构或代表参与社会治理；（2）法制性：法律被独立、公正地执行，并全力保护着人权；（3）有效性：治理手段和程序保证资源得到高效利用，并得到适当的保护；（4）公平和包容性：社会成员具有自我认同感，不会感觉被排除于主流之外；（5）回应性：在合理的时间范畴，制度和程序为所有利益相关者服务；（6）透明性：决策的产生和实施都按照规定程序，人们可以自由地获得所需信息；（7）责任性：机构或制度（包括政府、组织或私有部门）对其所有受影响的个体负责；（8）一致性：使各种群体、各种观点达到一个较为广泛的一致，这种一致以实现社会福利最大化为目标，并考虑长远的可持续发展。

图 2-2　良治的特点
（在 UNESCAP 2008 年发布的相关报告基础上略有调整）

类似地，荷兰学者 Arts 和 Goverde 提出政策三角形，将政策目标分解为司法理性、政治/社会理性、经济/商业理性 3 个维度，如图 2-3 所示，分别对应公共政策的 6 个原则：原则性、可靠性、回应性、优先性、参与性、灵活性（Arts and Goverde，2006）。生态现代化理论学者认为要使社会得以永续发展，除以上三种理性外，还应当把生态理性加入政策的决策中（G. Spaargaren and A. P. J. Mol，1992）。环境政策作为公共政策的一种，除生态环境之外，也理应同时考虑社会、经济、政治的可行性。因此在环境政策的设计中，环境质量的保护是最主要的目标，但是也要考虑技术经济可行性、社会承载能力、政治接受程度等因素。

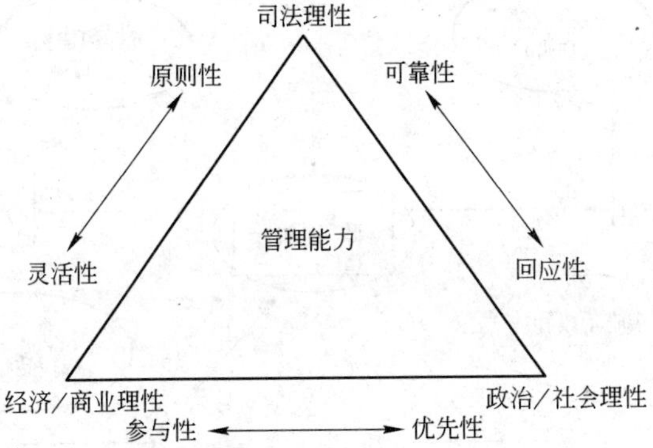

图 2-3　政策三角形
（根据参考文献修改，Arts and Goverder，2006）

2.2.2　政策设计理论

在政策科学中，政策决策是一个不断循环的过程，该过程可以用图 2-4 展示。通常是一些社会事件或焦点问题首先引起社会和政治上的重视；部分问题将被纳入政策议事日程；这些问题将进一步被遴选和排序，也就是说一些问题会被保留而另一些问题将会从议程中删去，或重新被建构；在政策制定过程中，各备选方案逐渐形成，通过各种渠道（如媒体）被利益集团、市民、官员等讨论、比较；进而形成具有较高一致性的观点和意见；这些观点和意见传递给政治家，由他们做出最终的政治决策，包括政策的基本思想、目标和策略；接下来是政策实施，政策被细化成具体的实施手段并被相应的机构执行；政策效果包括预期效果和非预期效果；政策通过影响社会行为导致新的问题或者通过解决旧的问题使原本也存在的问题显现出来；这些问题进入下一个政策循环。

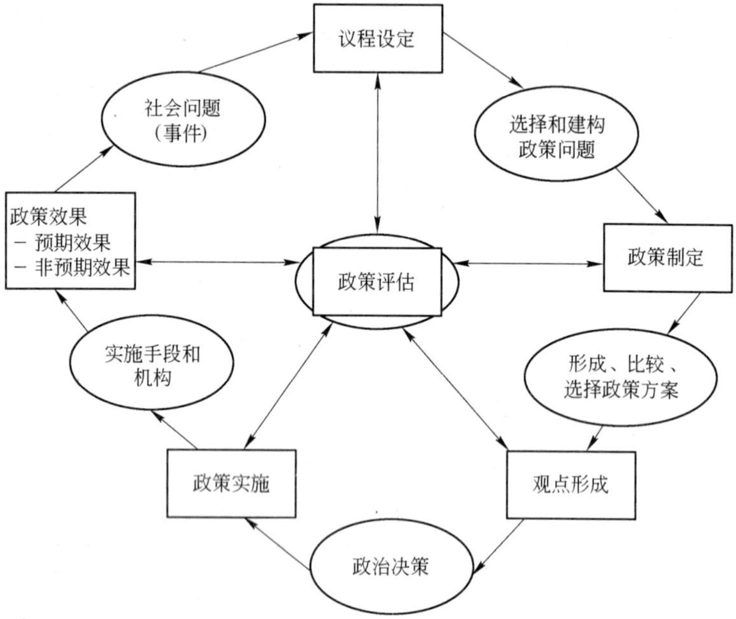

图 2-4　政策循环示意图

(Ann Crabbe and Pieter Leroy,2009)

政策设计在政策循环中起到重要的作用，它覆盖政治决策前的所有环节，也就是说，政策设计就是要帮助决策者将重要议题筛选进入议事日程清单，构建政策问题，形成并比较政策方案。环境政策设计就是要把政府的环境保护行为制度化，包括新政策的设计和对已有政策的调整。政策设计有别于政策制定，政策设计可以说是为政策制定者提供专业的咨询。因此，本书在说政策设计时意味着政策问题已经进入决策者的决策议程，不再考虑政策制定的相关问题（如由谁制定政策、通过什么程序表决等），因为政策的制定通常在某种国家政治体制下具有较为稳定、规范的规定。

机制设计理论已经成为政策设计的主流理论。机制设计理论同传统经济学理论最大的不同是，传统经济学理论把市场机制作为已知，研究它能导致什么样的配置，而机制设计理论把社会目标作为已知，试图寻找实现既定社会目标的经济机制，在满足参与者各自条件约束的情况下，使参与者在自利行为下选择的策略能够让配置结果与既定目标相一致（贾璇、杨海真、王峰，2009）。政策设计实际上就是委托人（政府）通过设定博弈规则，使代理人自动选择遵守政策的行为，这也是著名的机制设计理论的核心内容。在本书中，环境外部性理论将作为环境政策设计的理论基础，但同时要将机制设计的两大原则（或约束）内化到政策设计中去，它们分别是参与约束（participation constraint）和激励相容约束（incentive-compatibility constraint）（Leonid Hurwicz，1972）。参与约束是指一个理性的代理人接受委托人设计的机制的话，他在该机制下得到的期望效用必须不小于他在不接受这个机制时得到的最大期望效用，满足该约束的机制称为可行的机制（feasible mechanism）；激励相容约束要求代理人选择委托人所希望的行动时得到的期望效用不小于他选择其他行动时得到的期望效用，满足该约束的机制称为可实施的机制（implementable mechanism）。满足这两个原则的机制是可行的可实施机制。此外，政策的动态一致性（time-consistency）还要求：一种政策不仅在制定时应是最优的，而且在制订之后的执行当中也应该是最优的（假定没有新的信息出现），否则就是动态不一致的（张维迎，1996）。通俗而言，政策的动态一致性也就是保持政策的持续激励。但是教科书中所定义的政策动态一致性中却包含了一个不可能的假定：没有新的信息出现。政策所面临的现实世界肯定不是这样的，尤其在今天这个以互联网为主要信息传播渠道的网络时代，新的信息无时不在出现，要保持政策激励的持续性，必须使政策本身也具有一种动态的调整机制，例如，不断更新的排放标准。

本书对于政策的分析推崇威廉·邓恩（2002）的“以问题为中心的分析框架”，即把解决实际问题作为政策的核心。在政策设计中，有效地阐明问题是形成正确的政策观点的根本前提，正如邓恩所说的：“有效地阐明问题相当于解决了问题的一半。”本书将充分应用外部性理论的分析框架，将相关的环境问题分解和阐释，为管理体制、政策目标、政策手段的设计提供坚实的基础。本书中，政策设计最基本的工作就是政策目标的制定和政策手段的选择，在目标和手段的框架下进一步确定政策主体、对象、实施机制等问题。基于以上理论，流域水污染防治政策设计的基本要素包括：

（1）政策问题是什么？环境政策本身就是一种公共物品，对环境政策的需求必然来自于环境问题，并且这个（类）问题造成的影响已经足以使它进入政策议程。实际的水污染问题是政策设计的中心，本书将用发展了的环境外部性理论分析框架，对环境问题进行解构和剖析。

（2）内部化到什么程度？也就是政策目标，即要在多大程度上解决环境问题。100%的内部化既不现实也无必要，从边际的角度出发，当边际内部化成本等于边际内部化收益时，内部化的程度是最有效的。但是这只是一种理想的情况，现实中外部性大小的衡量具有很大的困难。内部化的程度更多要受到现实条件约束，如可用的政策资源、技术经济条件、问题的严重程度等。由于涉及到外部性的测量和费用效益分析的问题，这使得政策目标的确定成为一项非常庞大的工作，远远超出了作者的解决能力。因此关于政策目标的确定，本书将基于相关的理论提出原则性的指导建议，针对具体的污染源，不能提出定量化的控制目标，仅作少量定性描述。

（3）政策实施的主体是谁？也就是管理体制的问题。政策的实施主体被政策赋予所有或主要的审批、监督、检查、惩罚的权利。基于外部性理论，本书主要考虑中央和地方机构在特定环境外部性问题中的职权分工。

（4）优先解决哪些问题？也就是政策的优先性问题。由于政策资源是有限的，因此需要对拟解决的问题的重要性进行排序。政策的优先性排列本可以包括在政策目标中，但是由于本书对政策目标的定量化研究较少，因此将优先性问题单独拿出来讨论。

（5）采取什么政策手段？实现政策目标的途径，即通过哪些措施引导或促进政策对象采取符合政策期望的行为。政策手段包含相应的技术、激励、惩罚机制。

2.2.3　环境政策设计和分析方法研究进展

几乎很少有文献对环境政策设计所用到的具体方法进行论述，“设计”这个词本身就带有很强烈的规范研究的色彩，设计工作似乎就应该在实验室、办公室完成。但是任何设计的产品最终都是要进入现实世界接受检验，作为一名设计师，他的工作其实是基于以往丰富的实践经验和知识进行的，并不是没有方法可言。环境政策设计的具体方法可以来源于环境政策制定、环境政策分析、环境政策评估等工作。以下提到的也只是作者认为可以用于实际环境政策设计和制定的几种方法，在本书中这些方法没有在实证研究中广泛使用，但其主要思想已经被吸收进入本书，也可以作为今后继续研究的方向。

2.2.3.1 社会网络分析法（SNA）

社会网络分析（Social Network Analysis）是治理理论中的常用范式。社会网络分析是一种用来分析主体与主体之间关系的方法，Wasserman 和 Faust（1994）提出 SNA 与其他分析方法的五点区别：首先，SNA 着眼于社会单元之间的关系，这被认为是 SNA 的标志（Laumann，E. O.，1979）；其次，网络成员及其行为被认为是相互影响而不是独立的；再次，网络成员之间的关系是他们进行物质和非物质资源交换的渠道；第四，网络结构环境通过提供或者抑制网络成员采取行动的机会而影响其行为；最后，网络结构由成员之间持续的关系模式构成。基于这 5 个特点，SNA 非常适用于环境外部性中的复杂关系分析（Salancik G. Wanted，1995）。

社会网络由三个要素组成：节点（nodes）、联系（ties）、流（flows）（Darin Barney，2004）。节点也就是网络中的成员；联系就是成员之间的关系；流是指通过网络关系在节点之间传递的各种东西，可以理解为环境资源，或污染物。基于对网络的定义，网络分析的内容包括两个层次，首先是节点分析，即参与者分析，其次是网络特性分析。参与者分析（actor analysis）类似于利益相关者分析（stakeholder analysis），但范围更加宽泛，例如法院这样的部门通常被认为是中立的，它们不是环境问题的利益相关者，但却是环境治理事务中的重要参与者。参与者分析的内容包括重要参与者识别和参与者特性分析。参与者的重要性取决于其通过直接或间接的联系（ties）被网络中其他成员可见的程度。Knoke（1990）将网络参与者的影响力定义为：一个参与者与网络中其他成员直接联系的数量。一个具有影响力的参与者往往参与众多的关系（Knoke and Burt，1983）。参与者的特性包括其价值观、利益所在、观点或立场、对问题的定义、目标、具有的资源、采取的策略（Thissen，W. A. H.，2000），对这些特性的分析，有利于评估最终决策对于不同参与者的影响。在对网络成员个体进行了识别和特性分析后，接下来就是网络特性的分析，主要是关系研究，包括相互依赖性分析（公共选择）、相互作用和相互影响的模式、正式和非正式的规则分析（制度分析）、共同的观点和立场、网络的变化。通过 SNA 分析，可以深入地了解网络中哪些参与者较为活跃、哪些参与者较为强大、在哪里增加努力可以直接提高弱势群体获取其所需资源的机会（Nancy Holman，2008）。

本研究中，环境“流”是网络分析的核心，即通过污染物在环境介质中的流向，划定主要的利益相关者。首要的是识别排污者，例如近期进行的污染源普查，掌握排污者污染物类型、排放数量、排放去向等信息；此外，还要对排污者的生产链进行分析，掌握产生污染物的源头、环节和最终的消费需求；其次是对受污染影响者的调查，包括受纳污染物的数量、被影响群体、被影响的程度等；最后根据产品链、污染物实际流向做出网络结构图。

图 2-5 是基于环境流的社会网络示意图，图中以企业 A 作为一个中心节点，假定企业 A 产生某种污染物 P，L 地为污染 P 的主要受纳地。首先，从产品链角度分析，在其上游产业有若干家企业（S_1，S_2，S_3）为其提供与产生污染物 P 有关的产品原料，企业 A 生产出产品后供消费者 C 消费（C 可能来自全国各地，部分 C 也可能来自污染受纳地）。企业 A 生产直接排放的 P 主要影响 L 地居民（如饮水、呼吸等），而终端用户 C 在产品废弃后的处理或处置也可能产生二次污染。其他企业产品的原料、生产、消费、处置等过程中的经济关系以及产生的污染也与此类似，在一定的区域范围（如流域）内，将所有节点通过资金流和环境流连接起来就构成了该区域内某环境问题的社会网络分析图。本书对于社会网络分析方法的运用主要体现在对污染问题的外部性属性识别方面，主要是理论式的分析，没有展开运用。

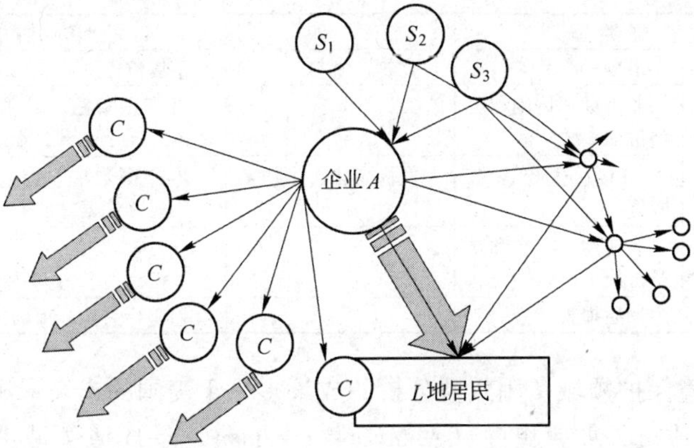

图 2-5 基于“流”的社会网络分析

2.2.3.2 费用效益分析法

费用效益分析在评价、比较政策手段经济效率时具有重要的作用。费用效益分析的思想最初起源于法国人杜波伊特（Jules Dupuit），在其 1844 年写的《论公共工程效用的衡量》中指出：总的来说，公共工程的效益和公共工程将产生的直接收入通常不是一回事。之后，美国的政府机构最初在水利建设项目中进行费用效益分析，后来逐步应用到环境政策领域。

美国环保署（EPA，2000）的《经济分析导则》是其为了提高决策水平而做出的持续努力的一部分，该导则为环境管理和政策的成本、效益和经济影响提供分析的基本框架。该导则特别对环境政策的效益进行了分类，并给出了相应的常用评价方法，见表 2-1。

表 2-1 环境效益类型及常用评估方法

效益类型		例如	常用价值评估方法
人类健康	降低死亡风险	致命癌症和疾病	趋避行为法、陈述偏好法
	降低发病风险	哮喘	趋避行为法、医疗成本法、陈述偏好法
愉悦		色、香、味	趋避行为法、陈述偏好法

续表 2-1

效益类型		例如	常用价值评估方法
生态效益	市场：产品	食物、木材	市场价值
	非市场：休闲和美学价值	风景、美观视觉	生产函数法、趋避行为法、休闲、娱乐需求、陈述偏好法
	间接：生态系统服务	气候变化、生物多样性	生产函数法、趋避行为法、休闲、陈述偏好法
	非使用：存在和遗产价值		陈述偏好法
减少物质损害			趋避行为法、市场价值

环境保护领域费用效益分析的成果多见于美国的未来资源研究所（RFF）成员，如弗里曼（A. Myrick Freeman）是环境领域进行价值评估的集大成者，他对于环境价值评估方法的研究是费用效益分析最基础和常用的工具。在其 1979 年出版的《环境改善的效益》（The Benefits of Environmental Improvement）中描述了当时效益分析技术的状况，接下来在 1993 年又出版了《环境与资源价值评估：理论和方法》（The Measurement of Environmental and Resource Values: Theory and Methods），系统地提出了环境与资源价值评估的方法和理论，很大程度上解决了环境价值难以量化的难题。通过建立各种剂量反应关系，众多的环境价值定量方法在他的书中归纳出来，如对健康和寿命的评价、房地产价值模型等。

RFF 成员克尼斯（Kneese）首次尝试在环境领域进行费用效益分析，在《环境保护的费用-效益分析》（1989）一书中，他综合了波特内（Paul R. Portney）、拉斯韦尔（Harold D. Lasswell）等人的研究，对美国部分地区的空气污染、酸雨、水污染的控制和改善进行了效益方面的评估。这项研究是极具价值的，通过直观的数据给决策者传达环境质量改善后的货币化收益。

我国的相关研究基本属于对国外研究的追随，这从研究的时间上也充分得以体现。1980 ~ 2000 年，我国相继出现了在环境污染损失评估、环境质量改善效益评价等与费用效益分析紧密相关的研究。刘鸿亮院士主编的《环境费用效益分析方法及实例》（1988）是国内学者第一次就环境政策（书中用环境决策）的理论和方法进行较为系统的阐述，该书指出了费用效益分析在环境决策中的本质用途：那就是对为实现某一环境目标的众多环境政策进行排序、择优。在其理论部分也提到“费用效益分析的目的应该在于对已查明的每一个效益和费用定价值”，这在一定程度上与社会网络分析的思想相一致。但是，在该研究的实证部分，环境政策的费用效益分析仍然是总体上的，即结论中只给出一个总体上的费-效比，并没有得到不同利益相关者所受的影响。夏光（1998）的一项研究估算了中国在 20 世纪 90 年代期间由于环境污染而带来的损失。此外国内就鲜有对环境政策的费用效益分析，研究主要延续国外的污染损失定量方法、项目或工程评价等（徐嵩龄，1998）。

费用效益分析主要用于环境外部性大小的识别、政策成本（交易费用）的估算，分析的结果对于环境政策手段的选择具有非常重要的参考意义。但是费用效益分析这项工作本身就是一个庞大的系统工程，已经超出作者在本研究中所能投入的资源和精力。因此，本书对于外部性大小的估算主要引用现有不多的研究结果。尽管如此，作者在思考政策设计的过程中，对于费用效益分析这项方法也有一些独立的看法，今后的深入研究可以作为环境政策设计方法的有力完善。

尽管费用效益分析的目标是尽可能以一个直观的定量数据分别给出政策的费用和效益，并进而衡量其效率，但是这在环境政策评估中几乎不可能。相反，如果过分追求高度集成的结论还有可能导致更大的误差甚至错误。折中的办法有两种：一种就是将费用效益分析转向费用效果分析，所有的政策产出用环境效果来衡量（如污染物浓度变化等）；另一种就是将效益看成一个由多种成分组成的向量，总效益中包含多种表达形式的分向量。本着在科学范围内尽可能定量的态度，本研究就第二种方法提出一些初步的想法。

效果到效益的转化就是要把以环境科学语言表述的政策结果转化为用经济学或数学的语言表述的政策收益。一部分环境政策效果可以通过市场价格直接反映出来，这部分效果转化为可衡量、可核查的经济效益，可用较为准确的货币化数值表示（假定为 E_1）；而另一部分（且往往是大部分）效果却不能或暂时不能进入市场，没有真实的市场价格，但却是具有价值的，这部分效果以非货币的形式表示，生态效益或社会效益（如人均寿命提高1年），也可通过模拟市场估算为经济效益（假定为 E_2）。在传统的环境价值评估的文献中，作者们通常得出的总效益是 E_1 和 E_2 的加和。但本书认为一个准确的数值与一个估算的数值是不具有可加性的，否则，估算的数值带来的偏差将会影响原本准确数据（E_1）的准确性。

因此，效益的表达不应当局限于用单一的货币单位衡量，而是将其分类，以向量的形式表示，可以是二维、三维、多维向量。采用几维取决于对效益的分类，有几类就有几维。政策的净效益是效益向量和费用向量加和，而不仅是数字的加和。如图2-6所示，该图中将费用和效益分成货币化和非货币化两类，例如 E_1 =（100元，周边群众舒适度提高10%），费用和效益分别是坐标系中的一个二维向量，政策的净效益是效益向量与费用向量的差向量。

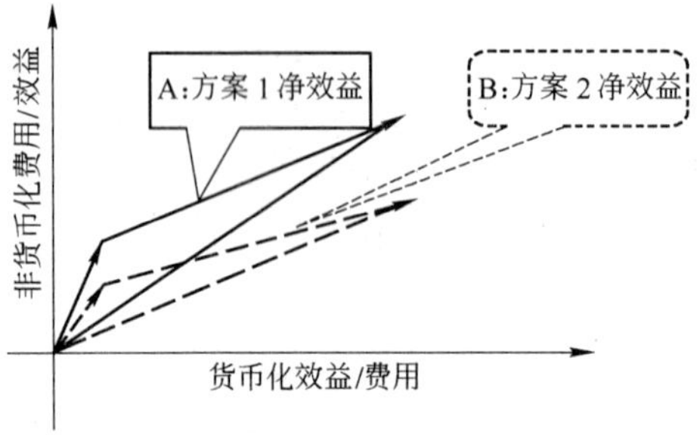

图2-6 环境政策费用、效果向量

2.2.3.3 专家咨询法

专家咨询法，即德尔菲法（Delphi Method），其具体应用是依据系统的程序，采用匿名发表意见的方式，多轮次地对专家意见进行调查，在其过程中专家之间不得互相讨论，不发生横向联系，经过反复征询、归纳和修改，最后汇总出专家们的趋同意见，将其作为预测结果（徐志晶、夏海鸥，2008）。专家咨询法是一种高度集成的方法，因为通常选择被咨询专家的条件就是他们在某一领域有较高的造诣和较丰富的经验。因此，即使专家咨询最后的表现形式只是专家个人的观点和意见，但这些观点和意见并不是纯主观的，而是基于专家们丰富和深厚的专业知识的判断，专家在作出这些判断时可能也是运用了社会网络分析或费用效益分析。

该方法于20世纪40年代由赫尔姆和达尔克首创。1946年，美国兰德（RAND）公司为避免在集体讨论中存在屈从于权威或盲目服从多数的缺陷，首次将德尔菲法应用于其技术预测之中，并发表了“长远预测研究报告”，后来该方法迅速在美国和世界其他国家得到了广泛的应用（Fischer Russell G.，1978）。德尔菲法一般应用于多种领域的预测，如军事预测、教育预测、医疗保健预测、经营和需求预测、人口预测等，此外，它还可以用来进行评价、规划和决策等工作，是政策设计者与评价者的重要工具。20世纪80年代以来，我国不少单位也采用德尔菲法进行了预测、决策分析和规划编制等工作（刘学毅，2007）。作为各级决策部门的“高级助手”，德尔菲法能够有效地利用多位专家的知识和经验，各方专家意见经过反复的征询与修改，最终将得到趋向一致的结论。该方法在政策设计、制定过程中往往应用于以下3个方面，即对关键问题进行准确的预测、确定影响因子的权重关系、对决策中的关键问题进行合理的判定等。德尔菲法在决策制定过程中发挥着重要的作用，但其功能有效性的实现需要一系列前提条件的支持，如选择强代表性的专家组、设计合理的调查轮次、使用正确的反馈技术以及科学的专家意见调查形式等（Sinead Keeney et al，2006）。

德尔菲法作为一种主观、定性的方法，在环境领域同样得到了广泛的应用，不仅可以应用于预测领域，而且还可以应用于各种评价指标体系的建立和具体指标的确定过程，较多地体现在环境影响评价以及环境政策的制定过程之中（张承中、王帆，2008；俞孔坚、韩西丽、朱强，2007）。该方法在环境政策领域中的应用相对于其他方法更具有灵活性，并且能够充分发挥领域专家们的主观能动性，消除了传统的研讨会方法中容易出现的屈从于权威或盲目服从多数的问题，大大提高了环境政策设计的效率。德尔菲法已经成为了环境问题决策者的有效工具。

由于本书作者并不是经验丰富的政策设计者或决策者，作为一个初级研究者，设计出来的政策是否合理，最为简便可行的检验方法就是向资深的研究者或管理者进行咨询。在本研究中，一方面，作者向有丰富管理或研究经验的人员（大学教授、污水处理厂总工程师等）进行了深度的咨询，以从他们的经验中获取一些重要和具体的信息。另一方面，政策设计的结果也向部分专家进行了咨询和讨教。

2.2.3.4 小结

国际上对于环境政策的设计、制定、评估越来越强调公众的参与（Cousins and Earl，1992）。“参与”不仅是一种理念，也是政策设计的一种综合方法。社会网络分析、专家咨询这两种方法本身就是参与的两种形式，较为规范的费用效益分析实际上也要通过问卷、访谈等实现，也是参与的具体形式。

世界银行（1996）将“参与”定义为这样一个过程，利益相关者能够通过它影响、共同控制涉及他们的发展的倡议、决策和相关资源。参与的基本原则是：建立伙伴关系；社区需求原则；尊重乡土知识和群众的主人翁地位；重视参与过程而不仅是结果。本书也推崇参与式的环境政策设计模式，按照参与的要求，所有的利益相关者参与到政策设计的各个方面，不仅是问题的定义，还要包括数据收集、政策方案的形成和选择等（Bradley et al，2002）。

本书在有条件的地方进行了大面积的问卷调查，例如对农业面源污染的主要问题、农民的参与意愿进行了识别；在其他方面，主要采取深度访谈的方式使最主要的利益相关者参与其中。但要说的是，限于作者水平和能力，参与的范围是相当有限的，参与性并不全面。然而，作者仍然希望“参与”应当成为一种政策设计的模式，这从获得信息以克服外部性的角度来说也是重要的。

3 外部性理论的创新和完善

本书尝试在前人研究的基础上，对外部性理论的发展做出一些贡献。目标是找到外部性理论作为环境经济学科理论基础、指导环境政策相关研究的更好接口，使其与专业的联系不再局限于“私人边际成本与社会边际成本差异”的简单界定。因此，下文对外部性的论述将较多侧重于将外部性与实际环境问题相联系，使其更加方便地被应用于环境经济学研究。本书不仅站在一个经济学的立场上追求经济效率，同时也站在社会学和政策学的立场上追求社会公正和公平。实际上，如果把提高效率拓展为增加福利的话，社会的公正和公平本身就能带来福利的增加，从而带来效率的改进。因此，我们不妨把包含社会公正和公平考虑的经济效率定义为社会效率。

作者认为，传统经济学中关于外部性的概念含混不清表现在两方面：一是外部性本身的定义不清，特别是外部性与外部效应之间缺乏区分，在很多文献中，两个概念时而可以互相替代，时而外部效应是外部性问题所表现出来的影响。二是外部性、市场失灵、产权、交易费用等概念之间的关系混乱。这两个问题在后文都会得到解决，但是为了方便 3.1 节的叙述，这里先简要解决第一个含混不清的问题，也就是对外部性进行一个合理的定义。外部性满足两个条件：（1）一种存在于市场之外的关系（外部关系），这种关系与上文大部分经济学家定义的外部性是类似的，最为接近的就是鲍默尔-奥茨的定义；（2）包含实质性的影响（效应），这种影响通常以某种实物（如烟雾、污水等）的形式影响部分主体的感观或经济利益。一般来说，满足第一个条件都会满足第二个条件，也就是说一种外部关系中必然包括一些实质性的影响。但是反过来说，影响（效应）并不会随着外部关系的消除而消除，因此，这种效应是独立存在的，并不依附于外部关系，或者说，效应不是因为外部关系产生的，只是通过外部关系传递。**强调影响/效应的独立性，这也是本研究区别于以往外部性研究的重要特色之一**。本章对于外部性理论的创新有：

（1）明确定义外部性包含外部关系和客观影响两个要素，且二者具有相对独立性。据此对环境问题进行初步的分类，进而提出解决环境问题的基本优先序，并在一定程度上阐释了环境政策目标确定与环境政策手段选择的原则，以及两者之间的关系；

（2）基于本书对外部性的重新定义，对内部化的形式进行分类，指出解决外部性问题，关键是消除其影响，其次是内化其关系，并以此作为环境政策设计或评估的首要原则或标准；

（3）建立环境外部性理论分析的基本框架，从主体、方向、范围、大小四个维度进行细化，环境问题可以在四个维度上进一步区分，使环境政策目标确定、手段选择的依据更为具体。特别地，本书从不同角度探讨了环境外部效应的大小问题，创造性地提出了相对外部效应、相对交易费用的概念，这为将环境污染问题的经济分析与社会网络分析的结合奠定了理论基础；

（4）梳理外部性、产权、交易费用、公共物品、信息等概念之间的关系，使之不再彼此含混不清。交易费用仍然是本书所要使用的一个核心概念，本书对于交易费用的类型划分方面有一定的创新，区分了识别和未识别的交易费用、实现和未实现的交易费用，并指出不同交易费用对于市场效率的影响。

3.1 从吸烟的例子说起

关于外部性讨论的重要文献几乎都有一个共同的传统——作者们喜欢用例子来说明问题，灯塔、火车与农田、蜜蜂与果园、钢铁厂与洗衣店等等都成为经典案例。本书在这方面将继承这个传统，将以吸烟的例子展示作者对于外部性的理解，在这个例子中，作者将把围绕外部性的几乎所有概念都包含进来，如合约、交易费用、效用、福利、污染、信息、路径依赖等。

A、B 两人共处一室，其中 A 抽烟，B 不抽烟。A 所呼出的“二手烟”显然对 B 的健康造成了不良的影响。B 的最终状态只有两种，离开或不离开，但是达到这两种状态的途径又有两种，协商或者不协商。因此表 3-1 把 B 的基本策略分成三种：离开、协商、不离开。三种策略都包含一定的交易费用，实际中 B 所作出的最后选择是这三种策略的组合：无协商离开、协商离开、无协商不离开、协商不离开。这里考虑交易费用时主要是站在受害者 B 的角度，并不考虑在 A 停止吸烟的情况下，将 A 放弃“享受”烟瘾的牺牲视作 A 所支付的交易费用，这一点可能会受到质疑，在下文中会有非常详尽的解释。因此，最终状态所伴随的交易费用主要取决于 B 的反应行为，各种基本行为所对应的交易费用如表 3-1 所示。

表 3-1 吸烟案例中 B 的选择与交易费用

状态（交易费用）	离开（C_1）	协商（C_2）	不离开（C_3）
交易费用构成	因为离开而额外消耗的能量、导致的工作延误	达成某种协议所需的额外投入、对二人关系造成的影响	健康损害

最终的状态是以上基础状态的组合，因此存在以下几种可能[1]：

（1）无协商离开房间：B 意识到了“二手烟”对自己的危害，但是并不选择与 A 进行协商，而是选择短暂的离开。作为一个理性人，此时他对于各种选择下交易费用的评估有两种可能。一种是他认为不值得协商（$C_1 < C_2$，$C_1 < C_3$）；另一种是根据以往协商的历史，即使协商也不会有好结果（选择 3：$C_1 + C_2 < C_3$），倒不如省下协商的成本，但是这种情况下的交易费用实际上还应包括获得经验的成本（学习成本），这项成本主要在第一次尝试协商的时候发生。

（2）不离开，默默忍受：可能性之一是 B 根本没有意识到或感觉到“二手烟”的影响；而更为可能的是 B 虽然意识或感觉到了，但是他认为有害影响“不值得”让他跟 A 协商。也就是说此时他认为“二手烟”对健康的损害小于协商的成本（$C_3 < C_1$，$C_3 < C_2$）；同样也可能是根据以往的经验认为即使协商了 A 也不会停止吸烟或者给予补偿，并且认为对健康的损害小于离开的损失（$C_3 < C_1$）。

（3）协商不成无奈离开房间：B 认为“二手烟”对健康的损害大

[1] 为了使问题简化，这里只考虑“二手烟”从释放到消散（肉眼看不到）过程对周围人群健康的影响，不考虑其消散后造成的持续空气污染。

到其不惜放下面子跟 A 交涉，当交涉未达成后，仍然不惜停止工作离开房间，此时 B 对健康损失的赋值大于协商和离开加起来的成本（$C_1 + C_2 < C_3$）。

（4）双方协商后，A 停止在室内吸烟：B 认为“二手烟”的健康损害大到足以使他跟 A 交涉，交涉后也得到了其期望的结果，免于忍受“二手烟”的影响（$C_2 < C_3$）。

（5）双方协商后，A 继续抽烟，B 得到 m 个单位的补偿，并假定这笔钱是足以弥补 A 的损失的：如果 B 离开，则他认为所获得的补偿可以弥补其交涉和离开的成本（$C_3 > C_2$，$m > C_1 + C_2$）；如果 B 不离开，则他认为所获得的补偿可以弥补其交涉和健康损失（$C_3 > C_2$，$m > C_2 + C_3$）。

由上述 5 种情况至少可以得到以下几条结论：

（1）关于“交易充分”的界定。米德（Meade）认为“外部性是交易不充分下的后果”，反过来说，只要交易是充分的就没有外部性。交易发不发生是明确的，因为有合约、补偿等可查证据，但是对于交易充分却缺乏界定。米德认为只要交易的主体拥有否决权，那么交易就是充分的，也就是说只要 B 进出房间的自由没有被限制，他作出的任何选择都是交易充分下的产物。本书不完全认同这种观点，**作者认为交易充分至少应满足两个条件：所有主体都可以自由地参与交易的过程；交易的结果较之交易前更加接近各主体参与交易的初衷，且对于交易前存在负外部性的情况而言，受害者的意愿应当被更多地考虑。**以此为标准，对于 B 而言上述 5 种选择中前 3 种都是不充分的，因为他的期望（即参与交易的初衷）是不受二手烟的无辜伤害，理想的结果就是 A 停止吸烟，而显然前 3 种结果他都一无所获。因为 A 并没有对其行为进行任何调整，而 B 的福利状态也没有丝毫改变。

（2）外部性与交易。交易是一种市场行为，可以说只要交易发生，外部性就开始被纳入市场主体的考虑范围，至少是部分外部关系开始弱化或改变。但是弱化或改变的程度依赖于交易的充分程度，也就是各主体的参与及对交易结果的满意程度。在充分交易下，外部关系可以全部消除。但是外部关系的消除并不等于外部性的问题完全被解决，如在B获得补偿后，尽管此时的环境影响已经内化为B的私人选择，但问题的解决仍然依赖于B是否购买防护用具或其他服务以消除影响。因此，交易的发生主要改变的是外部关系，而外部性问题的解决还取决于交易的内容（例如合约中关于补偿使用的规定）。

(3) 外部效应只有在它本身并没有被消除时作为交易费用的一部分，与交易是否充分没有必然联系。在本例中，只要B没有离开房间或者用补偿所得购买防护设备和服务，无论他是否协商、是否得到补偿，“二手烟”对其健康的损害都构成他交易费用的一部分。

现在基于选择（5）继续考虑B得到这笔补偿（m）后对这笔补偿的处理，由于B已经得到补偿，那么可以说A、B之间的关系已经不是存在于“市场之外”了，因为已经在市场之内达成了一笔交易。但是B如何使用这笔补偿将决定有害的环境效应是否被消除。现在假定B有以下几种方式处理：

(a) B暂时离开，这种可能已经在前面提到，由于这里只考虑烟雾从释放到消散（肉眼看不到）过程对周围人群健康的影响，不考虑其消散后造成的持续空气污染，那么离开也可以认为是“二手烟”的有害效应被消除了。

(b) B用这笔钱购买口罩或空气净化剂等防护设备、去医院清洗肺部、或者采取其他任何可以消除“二手烟”的措施，此时有害的效应也被消除了。

(c) B用这笔钱去做其他与保护其健康无关的事情（如用于购买家具），那么此时B的健康仍然在遭受危害，“二手烟”的有害效应仍然存在。此时外部性问题仍然没有得到解决。

其中（c）往往被忽视或误解，因为在大部分人看来，补偿发生了，也就意味着外部性内部化，问题便解决了。这主要是因为长期以来经济学家们重视经济关系意义上的“外部”，而忽视了外部性问题之所以需要解决是因为它会带来实质的影响（如健康损害）；在外部关系被内化的基础上再加上理性人假设，认为人们在获得补偿后如何花费是基于自身福利最大化的考虑，因此要么会去消除那些影响，要么会将补偿挪作他用，但是挪作他用所获得的效用（福利）必然会足以弥补那些影响所带来的损害；并且个人对其自身的福利评价最为正确。这些认识或假设在环境问题上往往会导致治标不治本，就是说只重视经济关系上的平衡而忽视环境影响的消除，原因如下：

（1）个人对于自身和环境的信息未必是最了解的。最为常见就是病人和医生的例子，医生比病人更加知道病人的信息。环境问题也是类似的，它的专业性、复杂性导致在专业领域仍然存在大量的认识空白和差距，个人对于环境问题以及环境污染对其造成的损害的认识通常不如专业机构，因此他们对于自身福利的评价未必是准确的。

（2）即使在信息完备的情况下，甚至人们明明知道长期效用大于短期效用，但是仍然会由于种种原因做出短视的选择，甚至导致部分学者在讨论外部性时所说的“为了获得补偿而导致的外部效应过量消费”。

福利经济学承认福利的主观性，但是却忽视的福利的客观性。福利经济学尊重人的自由、尊严和个人需求满足（蓝虹、赵强社，2003），也就是在评价个人福利的时候不把其他人的标准强加于人，这是无可厚非的。但是，不可否认，人类社会存在一些普遍的价值观，这些观念应当成为福利衡量的客观标准。从环境经济学和可持续发展经济学的角度来讲，享受健康长寿的人生应当是最高的福利。如果承认这条标准的话，当个人的福利标准与它冲突时就应当主要服从于这条客观标准（关于这点下文会有更为详细的论述）。根据部分福利经济学家的观点，即使 B 选择用所得的补偿去酗酒，也是因为 B 认为酗酒所带来的效用比买防护用具的大。这显然不符合可持续发展的基本原则。根据对选择（5）的三种可能分析又可以继续得出以下两条结论：

（1）外部关系的内化并不意味着外部效应的消除。在上述例子中，如果 A 不停止吸烟、或者 B 不采取防护措施，“二手烟”的危害总是客观存在的。因此合约的形式对于消除外部效应有至关重要的作用，例如 A 停止吸烟，或者规定 B 所获得的补偿必须用于购买防护措施。

（2）作为（1）的一个推论，内部化可以分为货币上的内部化和效应上的内部化，或者说形式上的内部化和实质上的内部化。前者只是消除了外部关系，而后者则同时消除了外部关系和影响。

上文主要是站在B作为受害者的立场考虑其选择及相应的交易费用问题，但是这里需不需要考虑A吸烟或不吸烟对其效用的影响呢？按照福利经济学的观点，个人的效用只有他本人最清楚和衡量，那么在每个烟盒上都标有“吸烟有害健康”的忠告的情况下，对于一个有着烟瘾的人来说，他对抽烟所带来快感的评价是要高于尼古丁对其健康造成的损害的。通俗而言，他在当时的想法是：宁愿少活两年也要过足烟瘾。但是现实生活中屡见不鲜的例子就是当一个“老烟枪”在其饱受哮喘、肺癌等疾病折磨的时候对其早年的吸烟经历不无后悔，更为常见的是烟瘾再大的成人在教育他的孩子时并不希望他们将来像他一样吸烟。实际上，这表明，即使在他看来，至少在长远看来，牺牲健康过烟瘾也是不值得的。

吸烟的例子对于福利经济学中关于个人福利的衡量是一个有力的反驳。通常情况下，个人虽然最为了解其自身的信息，并基于这些信息做出对自己福利的判断。但是对于个人而言通常受到若干方面的限制：一是知识上的缺陷，特别是对于专业知识，如尼古丁对于健康的危害程度；二是视野上的缺陷，缺乏对长远利益的考虑或者重视；三是由于初期非理性选择而造成的锁定效应或者路径依赖，既然“老烟枪”自己都认为为了过烟瘾损害健康不值得，但为什么还要继续吸烟呢？主要是因为他们在开始学习吸烟的时候对于危害没有足够的认识和感受，一旦上瘾后却难以自拔。第四是意志，对于个人而言，克服吸烟上瘾的锁定效应或路径依赖最为关键的是意志。个人即使获得了所有知识并考虑到长远利益，但在现时的诱惑面前，个人意志的薄弱往往导致非理性行为的持续发生。用这几个限制条件就很容易解释在“吸烟有害健康”已经成为社会共识的情况下还有许多人加入吸烟大军了。最初因为对其危害认识不足或者其他原因（如年轻人以吸烟显示自己的成熟）“误入歧途”；逐渐对香烟形成生理和心理上的依赖；当深切感受到吸烟的危害时有些人后悔不已，意志薄弱者欲罢不能，意志坚强者开始戒烟，也有人无所畏惧，破罐子破摔，但是尼古丁对于人体造成的危害并不会因为个人态度的“无所谓”而有所减轻。

关于福利或效用的衡量，新古典经济学和福利经济学都没有给出一个客观的标准，或许福利或效用本身就不是客观的，传统的经济学甚至连一个用于比较福利大小的标准也没有给出。例如在吸烟的案例中，对于一个“老烟枪”的福利，是不顾健康过足烟瘾的福利大？还是克服烟瘾、健康生活的福利大？看似简单的问题，传统的经济学给我们的答案其实是模式甚至是错误的，但是从可持续发展经济学的角度来说，我们的选择显然是后者，这也符合绝大多数人的理性选择。这回答了福利经济学家和制度经济学家们对上文部分结论的质疑，**更为重要的是，从环境经济学的视角来说，外部性内部化的目标是把影响消除，而不是简单地把关系内化。所谓的交易费用最小化应该是指为消除外部性所带来影响的费用的最小化，这也是政策设计的最重要原则。**

尽管上面对吸烟问题的分析已经略显繁杂，但可以看到，在上文设想的 5 种可能中并没有考虑政府的介入，基本是基于一种自愿性的讨价还价模式，也可以认为是自由市场模式。在这 5 种可能中我们可以发现，仅通过自愿性的讨价还价不能轻易达成充分的交易，而要对吸烟的负面影响进行消除更是难上加难。因此，下面从消除影响的目标出发，进一步看政府在促进影响的消除中能够采取什么手段。需要注意的是，当我们考察政府行为时，政策成本便是交易费用的一部分。

首先，政府可以通过发布禁令，禁止在非私人场合的吸烟行为（更为合理的可能是将吸烟水平限定在一个对健康无影响的界限，这里假定是零容忍）。为了保证禁令被遵守，政府必须配备相应的监督体系和处罚机制。

其次，政府对吸烟行为征税或费，且征收所得用于消除烟雾。征税或费是传统庇古税的思路，政策成本包括对吸烟行为的监测，以及征收过程中发生的费用。

再次，政府规定一个统一的吸烟赔偿标准，由吸烟者直接赔偿给受影响者，但规定受影响者必须将所获补偿用于防护，该标准是基于一个通用的防护技术制定的。为确保补偿的实质发生及防护措施的采用，政府除了履行监督职能以外，还需配备相应的诉讼和惩罚机制，对不补偿或获得补偿而不进行防护者进行处罚。

第四，政府制定一套谈判规则，规定吸烟者对受影响者进行补偿，补偿的额度必须用于并不低于防护费用。与第三种措施类似，但是不规定明确的补偿标准，这一方面可能增加谈判的成本，但另一方面政府可以节省寻找一种通用防护技术的成本。

第五，政府提供极其详尽的关于吸烟危害的信息，最大程度地使吸烟者认识到吸烟的危害，从而停止吸烟；另一方面，也最大程度地使受影响者认识到"二手烟"对自己的影响，从而更加坚决地制止其他人吸烟。对于吸烟来说，这种手段的成本可能是巨大的，但基于信息的劝说、教育等手段不应该被排除在解决问题的选择之外。

以上政府的几种手段都没有直接触及到产权的界定，因为本例的出发点就是吸烟场所的公共产权。虽然明确分配产权可以解决某些外部性问题，但是对于大多数外部性，特别是与环境有关的外部性问题，还需要政府更多的积极干预（蓝虹、赵强社，2003），但也没有把界定产权排除在外，前4种手段中都或多或少隐藏了一定的产权意义。总之，无论是基于庇古思想的税费手段，还是基于科斯理论的产权方法只是解决外部性问题的手段之一。并且，庇古和科斯手段并不是全部，信息手段也应当成为备选之一，至少它应该成为政策手段组合中的重要元素。不同的政策手段之间本质上并没有优劣之分，相对的优劣取决于具体问题中使用哪种手段的交易费用更小。

3.2 外部性概念的明确与发展

在本章的开头已经简要地提出了本书对于外部性概念的界定，外部性被定义为"具有外部关系的效应"是比较确切的，只是在传统的讨论中没有明确外部性与外部效应的关系，有时把外部性等同于外部效应，有时把外部效应看成是外部性的效应。**因此，外部性同时具有"外部关系"和实际"效应"，其中"外部"是条件，效应是表现，也就是说一种效应要被识别为外部性的话，那么它必须是在"市场之外"的。**传统的概念主要注重对"外部关系"的界定（如上文中的鲍默尔-奥茨双重条件），而把"效应"当成一种附属。这在界定什么问题应当被归为外部性时，基本是正确的，至少本书目前还举不出反例来，因为通常"外部关系"对市场的扭曲会带来一定的正面或负面效应。而对于问题的解决却显示出其弊端，根据传统的定义，只要把外部关系解决了就实现了内部化的目标，但实际上，效应的消除才是解决问题的实质，正如抽烟的例子中，将“二手烟”净化或者消除才是最终的目标。结合环境问题的特性，环境外部性包含“外部关系”和“环境效应”两部分，外部关系是指各主体之间的关系存在于市场之外，环境效应是实际发生的环境影响，例如对水质的破坏、对人体健康的影响，这种效应是客观的，不依存于其他关系，**环境效应没有经过市场交易（价格机制）反映时就称为环境外部性，或者说环境外部性是通过外部关系传递的环境效应**。根据对环境外部性的定义，对环境问题的认识就可以从“外部关系”和“环境效应”两个维度去区分。据此做出图 3-1，横坐标代表环境效应的大小，纵坐标代表外部关系的复杂程度，其中外部关系涉及到主体的多少、主体之间的关系、市场的完善程度等，但是总而言之，外部关系决定交易费用的大小，也就是政策成本，关系越复杂，政策成本越高，环境效应则决定政策的潜在效果。当然，前提是较为准确地识别出那些关系和效应，这应当借助于经济分析、环境影响分析、社会网络分析等工具，不作为本书研究的重点。

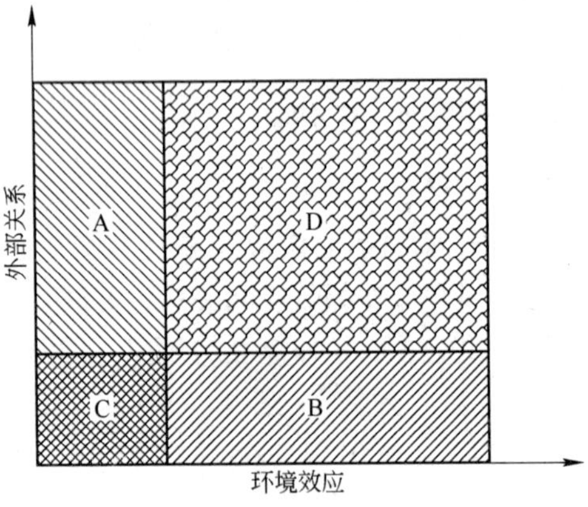

图 3-1　环境外部性初步分类

图中将坐标系分成四块区域，分别表示的环境问题为：

A：外部关系复杂，环境效应较小；

B：外部关系简单，环境效应较大；

C：外部关系简单，环境效应较小；

D：外部关系复杂，环境效应较大。

以上对环境外部性的分类对于环境政策设计有着非常重要的指导意义，包括政策目标的确定、政策手段的选择、政策实施的主体等等。政策的效果目标就是消除或减少有害的环境效应，效率目标是外部性内部化，消除有害效应是首要的，外部性内部化涉及到政策成本的分配和效果的分享。

按照图 3-1 的分类，可以将外部性表示为：

$$E = R^{\alpha} \cdot E^{\beta}$$

其中 R 表示外部关系，E 表示环境效应，α、β 为非负的常数。也就是说外部性与外部关系、环境效应正相关。本书认为，在有限的政策资源约束下，从效果的角度来讲，应当优先解决环境效应大的问题，从效率的角度来讲，应该先从关系简单的问题着手。按照这个原则，宏观环境保护政策的优先排序应当是 B－D－C－A，当然，这只是一般的原则。更为具体地，综合以上对外部性的“关系-效应”二分法定义，可以进一步定义外部性的“集中度”（c）为：单位外部关系中包含效应的大小，可表示为 $c = E/R$。环境政策追求效果的确定性，在既定效果目标下，寻求最小的交易费用（即政策成本）。外部关系主要反映政策监管对象的多少，而监管对象的多少直接影响到政策成本，关系越复杂，监管的对象越多，成本越高。由此可推断，外部性“集中度”越高的问题，监管的成本越低。因此，对于同一类环境问题，在不同区域、污染源之间分配政策资源（例如在处理流域水污染问题时，是先处理农业面源还是工业点源），遵循边际交易费用最小化或边际收益最大化原则，**政策的优先序可以根据外部性的集中度来排列，优先解决集中度较高的问题。外部性的集中度概念也将为下文政策手段的选择原则奠定基础。**

3.3 环境外部性理论的分析框架

经典定义一般用边际社会成本与边际私人成本之间的差异，即

"MSC-MPC"来说明外部关系，在环境问题上，本书基本认同其中包含的"价值在私人和社会之间存在扭曲或无偿转移"（邹骥，2000）的思想，但是摒弃其作为定义或衡量外部性的作用。上一节从外部关系和环境效应两个角度理解外部性，已经在其概念的细化上做出了一定的创新，本节将进一步结合环境外部性的特性继续细化外部关系和环境效应，以使环境外部性达到可衡量、可分类的效果。

在环境外部性中，外部关系应当包括两个维度，一是外部关系中的主体，二是外部关系的方向。通俗而言，要说清楚外部性中包含的外部关系，必须说明：谁输出了环境效应，谁接受了环境效应。这里输出和接受都带有方向的含义。环境效应也包括两个维度，一是环境效应影响的时间和空间范围，二是环境效应的大小。因此，主体、方向、范围、大小这 4 个维度将外部关系和环境效应继续深化，并构成环境外部性分析的基本框架。并且 4 个维度之间的关系也具有高度的一致性，通常而言，环境效应越大，包含的主体越多，方向越复杂，影响的范围也越大。

3.3.1 外部性的主体

外部性的主体至少包括两部分：施体和受体。根据施体和受体的范围，可以将外部性分为 4 类：a 与 b；a 与 B；A 与 b；A 与 B。其中 a、b 表示单个个体，但既可以是个人，也可以是有明确责任规定、利益一致的组织，如工厂；A 和 B 则表示群体，A 为外部性施体的集合，B 为外部性受体的集合，可以表示为：$A = \{a_1, a_2, a_3, a_4, \cdots\}$；$B = \{b_1, b_2, b_3, b_4, \cdots\}$（见表 3-2）。也就是说，外部性通常发生在以下 4 种主体之间：一对一，一对多，多对一，多对多。

表 3-2 外部性的主体分类

主　体	特　点	举　例
a 与 b	施体和受体都很明确，影响范围较小，交易自发达成的可能性较大	蜜蜂和果园、抽烟的例子
a 与 B	施体明确，受体分散，交易自发达成的可能性较小	火车与农田
A 与 b	施体分散，受体明确，交易自发达成的可能性较小	上游工厂污染与渔场

续表 3-2

主 体	特 点	举 例
A 与 B	施体和受体都分散，不明确，几乎不可能自发达成交易，必须依靠施体和受体共同的管理者解决	大部分环境问题，跨行政区、跨代际外部性

环境问题中，绝大多数属于第四类外部性，即“多对多”型，这也就是所谓的“多数人问题”（large number problem）（樊纲，1995）。在这类外部性中，施体和受体都不止一个，而且是分散的，由于信息的不对称，a_1 可能并不知道除了自己以外还有 a_2、a_3 也存在于外部性之中，因此，a_1、a_2、a_3 不能结成一个利益同盟，b_1、b_2、b_3 也存在同样的问题。由于施体和受体的分散而导致交易自发达成的可能性几乎为零。因此就需要一个信息更为完备、且能代表集合中不同个体利益的组织来解决外部性问题，这也是政府干预在外部性问题中的必要性所在。

3.3.2 外部性的方向

外部关系的方向基本包括三类：单向、双向、多向。其中单向外部关系是指环境效应只从一个方向传递，施体和受体截然分开；对应地，双向的外部关系是指环境效应可以在施体和受体之间来回传递，施体和受体是相对的；而多向则更为复杂，关系更为发散和多样化。为了表达明确，用图 3-2 示意这三种方向，其中图 3-2（a）、（b）较为直观，分别表示单向和双向的外部性；图 3-2（c）表示多向的外部关系，A 将初始环境效应输出给 B，B 又部分返还给 A，另外 B 还将一部分传递给 C，当然 C 也可以继续传递给其他主体或者返还给 B。

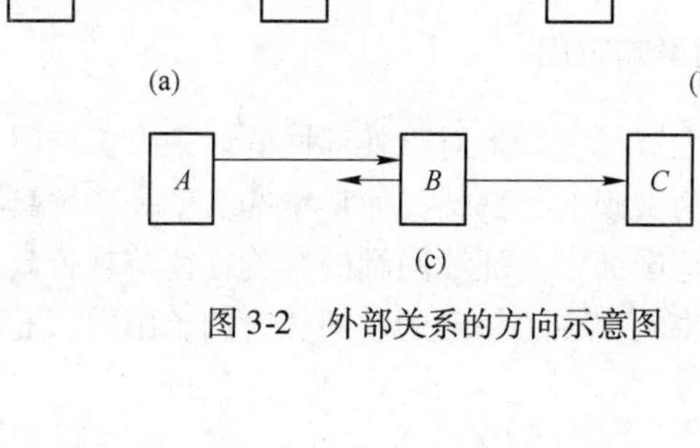

图 3-2 外部关系的方向示意图

以一个钢铁厂-渔场的经济模型为例：钢铁厂在上游排污，下游的鱼健康受到损害（如体内含铁量过高），如果渔民自己将鱼全部消费，则属于单向的外部关系；现在渔民知道鱼的健康有问题，转而将鱼全部卖给钢铁厂，那么污染实际上通过鱼的交易又返还给了上游，此时属于双向的外部关系；如果渔民只将部分卖给钢铁厂，部分卖给其他人 C，则属于多向的外部关系。多向的外部关系实际上还是由单向和双向的外部关系组成的，因此，外部关系可以进一步简化为单向和双向两种基本形式。很显然，对于双向的外部关系，有害的环境效应之所以能够在两个主体之间来回传递，最为关键的一点就是信息的不对称。在上述例子中，渔民具有的信息更加丰富，钢铁厂之所以会购买受污染的鱼是因为他们不知道吃鱼将对自己的健康有损害，更不知道鱼体内的有害物质竟然是自己排放出去的。假定鱼是钢铁厂员工生活的必需品，那么，解决钢铁厂污染问题首要的就是将“排污-鱼受污染-吃鱼导致健康损害”这些信息传达出去，特别是传达到钢铁厂，这样的话当他们意识到自己“排出”的污水最后还是被自己“消费”掉了时，就会自觉地采取污水治理措施。

因此，**对于双向的外部关系，最应该优先被采取的手段可能是建立通畅的信息交流和共享机制，让大家都明白自己的外部性输出并不是完全被别人所消费，可能会以另一种形式转移过来**。尽管本书中对于方向的分类类似于部分学者（鲍默尔、奥茨，见前文引注）的“可转移”、“不可转移”的分类，但是传统理论没有在内部化手段的选择中重视这种区分，对于手段的讨论主要是基于单向外部关系的假设。从这种区分可以看出，提供知识、信息的劝说教育等手段实际上在某些问题上是具有立竿见影的作用的。

3.3.3 外部效应的影响范围

历史上或者说主流经济学上对于外部性的讨论大多局限于私人或同一行政区内的较为微观的外部性。而环境本身就是一种具有公共属性的物品，就地域范围而言，环境问题的影响往往跨越行政区、流域甚至国界。外部性影响存在于一定的空间和时间范围内，而环境问题经常表现为跨区域、跨代际的外部影响。本书将根据以下时间和空间准则，划分环境外部性影响的范围，目的是为不同影响范围的外部性问题寻找合适的“人选”来主持内部化的进程。

一是依据环境问题影响的时间尺度将环境问题分为代内和代际外部性，这条分类依据和经典经济学上的划分是一致的。按照一般标准，可将20～25年划分为一代，若某特定环境问题的影响在此年限范围内将消失，则被认为是代内外部性；反之将被划为代际外部性。对于目前尚无法界定影响的环境问题遵循的是“从严考虑”的原则，尽量将其不利影响考虑到最大。此外，代际的影响还可以进一步划分，有些问题在一代内或几代内就可以完全解决；而有些问题深远地影响着地球的安全和人类的发展，需要持续永久地加以控制和改善。对于管理体制而言，本书认为只要是影响到一代以上的环境问题，都应该由中央政府负主要责任，因此，本研究中将不再细分代际外部性问题。

二是按照环境问题跨越的行政区域将其划分为市内、跨市（市际)、跨省（省际)、跨国（国际）和全球外部性。这是由环境影响的广度和目前中国基本行政体制决定的。在行政区的层次上去明晰产权很难操作，目前最清晰的界定只能明确到环境资源归国家所有，但由于环境资源的不可分割性决定了在更小的范围内划分产权是很不可行的，例如法律不能规定A省的空气归A省所有而其他省份的市民不可使用。

综上，根据环境外部性影响的时空范围，可以建立这样一个分类框架，该框架可以用一个$m \times n$的矩阵$\boldsymbol{A}$表示为：$\boldsymbol{A} = \boldsymbol{T} \times \boldsymbol{S}$。其中$\boldsymbol{T}$为时间向量，$\boldsymbol{T} = (t_1, t_2, t_3, \cdots, t_m)^{\mathrm{T}}$，其中上标的T表示向量的转置（transpose)，$\boldsymbol{S}$为空间向量，$\boldsymbol{S} = (s_1, s_2, s_3, \cdots, s_n)$。因此矩阵$\boldsymbol{A}$可表示为：

$$\boldsymbol{A} = \begin{bmatrix} t_1 s_1, t_1 s_2, \cdots, t_1 s_n \\ t_2 s_1, t_2 s_2, \cdots, t_2 s_n \\ \vdots \quad \vdots \quad \vdots \\ t_m s_1, t_m s_2, \cdots, t_m s_n \end{bmatrix}$$

该框架提供了一个可以扩充的外部性分类方法，根据时间和空间范围的细分，m 和 n 可以是任意大的实数，即可以将所有外部性问题纳入该分类框架。本研究中时间被区分为代内和代际，因此 $\boldsymbol{T}$ 为 2 维列向量；空间向量中的分量 s_i 表示的是区域范围，包含市（县）、省、国等行政级别。因此按照该框架，根据环境外部性的影响范围可将其分为：代内私人/企业、代际私人/企业、代内市际、代际市际、代内省际、代际省际、代内国际、代际国际八类。为使分类的框架具体化，表 3-3 将一些常见的环境问题列入该分类框架之中。

表 3-3 环境外部性的影响范围

类 别	代 内	代 际
企业/私人	TSP/PM10、有毒有害气体、市政固废污染、工业固废污染、噪声污染等	有毒有害固废
市 际	PM10/PM2.5、有机物污染（BOD、COD）、固体悬浮物（SS）等	省级自然保护区
省 际	城市污水处理厂建设、流域水质管理、酸沉降、大河大湖富营养化	流域城市地下水开发、放射性物质、铀尾矿、国家自然保护区
国 际	危险废物跨境转移、SO_2 越境飘移	有毒有害物质、放射性物质、铀尾矿、固体垃圾深海填埋
全 球	—	温室气体、消耗臭氧层物质（ODS）、生物多样性保护、湿地保护

3.3.4 外部效应的大小

理解环境外部性效应或影响的大小，可以从两个角度进行。一方面，环境外部性造成的影响是客观存在的，如污染物排放量、造成的污染损失、健康损害等，为了方便表述，把环境外部性所造成的客观影响定义为绝对外部效应（absolute externality value，E_a）。另一方面，可以从防护或避免的角度理解环境效应大小，即为避免发生污染损失、健康损害所要额外支付的花费，也就是内部化成本，这实际上是与交易费用相通的，下文中直接以交易费用表示（C）。两个角度的理解对于环境政策而言具有不同的意义，避免损失或损害是污染控制政策的目标所在。因此，前者可以反映污染控制政策的收益，即避免的污染损失；而后者则反映政策的成本。但是以上这两个方面都只是从社会总体层次上的考虑，没有考虑到个体的差别，实际上同样大小、数量的环境负效应或交易费用，对于不同收入的人群来说，对其效用或福利的影响是不一样的。因此，本书用相对外部效应大小（relative externality value，E_r）来反映这种相对性和差异性，相对外部效应大小既可以指环境效应对干系人的相对影响，也可以指交易费用对干系人的相对影响。

在环境政策设计中，E_a 主要用于判断环境外部性应不应该、值不值得被列入政策议程（必要性），C 主要用于评估环境外部性能不能被政策所解决，也就是政策可不可行（可行性），E_a 和 C 共同反映政策的总体效率，而 E_r 则反映政策的分配或边际情况，政策成效或成本对于不同干系人的影响。环境政策设计的理想状况就是以最小的交易费用（政策成本）获得最大的福利改善，这表面上看似乎只是个效率问题，但是却可能也是公平的，因为政策想要获得最大的福利改善，往往首先要从那些最弱势的群体的福利改善做起，这便是社会公平。

联系到本章 3.2 节中关于外部关系（R）、环境效应（E）以及环境政策优先序的论述，3.2 节中的环境效应主要是指 E_a，而 E_r 则可以理解为边际的交易费用，它是与 R/E_a 成正相关的，也就是说，边际的交易费用同时取决于外部关系和绝对的环境效应，这与 3.2 节中关于交易费用和外部关系、环境效应之间关系的论述是一致的。这也从一定程度上揭示了本书对于外部性和交易费用之间关系的界定，**即交易费用的大小衡量外部性问题能够被解决的难度，但它本身的边际大小却又取决于外部关系和环境效应，单位环境效应中包含的外部关系越多，解决该单位环境效应的边际交易费用越大，但交易费用并不构成外部性存在的原因。**

3.3.4.1 绝对外部效应（E_a）大小

上文提到，E_a 是指客观的、已发生的环境损害或改善。但是无论如何它之所以造成外部影响是因为这种效应没有进入市场，无法通过价格机制直接衡量出这种效应的大小。通常可以使用直接市场法、揭示偏好法、旅游成本法、趋避成本法等方法对这种外部效应进行测量（EPA，2000）。本书将进一步探讨绝对外部效应大小的一些本质特性，而不对具体的测量方法进行论述。

外部效应的绝对值带有较强的主观色彩，随着人们对环境价值的认同和对舒适度要求的提高，对某类环境问题的外部影响的赋值也越大。因此，外部性绝对值主要是时间的函数，且通常为关于时间的增函数，可表示为：

$$E_a = f(t)\text{，且 } f'(t) > 0$$

其中 t 表示时间。

本书主要研究对象是对社会总体产生负效应的外部性，其绝对值等于外部性造成的社会、经济、环境的净损失。外部性绝对值的概念模型可用图 3-3 表示。

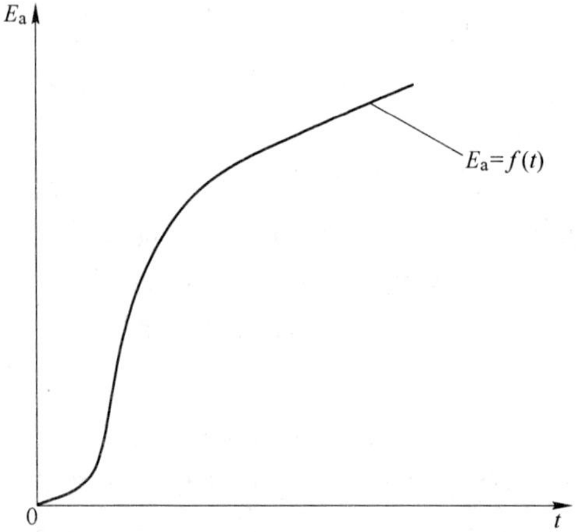

图 3-3　绝对环境效应大小示意图

3.3.4.2　内部化成本/交易费用（C）大小

交易费用也即内部化成本，也就是为将某外部性问题内部化所需的额外成本，在环境管理中，也等于为达到某环境目标而需要支付的政策成本。内部化成本主要取决于所采取的技术（也包括管理等软技术）和拟实现的内部化程度，技术的改进将导致内部化成本的降低，而内部化的程度越高，成本越高。这里暂时认为某项政策的持续作用时间不会足够长到以至于技术发生了根本性的改进，因此，为简化模型，姑且剔除时间因素的影响，内部化成本函数可表示为：

$$C = f(d) \qquad (0 \leqslant d \leqslant 1),\ f'(d) > 0$$

其中 d 表示内部化的程度，且通常该函数存在拐点 d_0，使得 $f''(d_0) = 0$。

$$0 < d < d_0 \text{时},\ f''(d) < 0$$

也就是在内部化程度较低的阶段，由于规模效应的存在，单位内部化程度所需的边际成本会逐渐降低，即满足：

$$d_0 < d < 1 \text{ 时},\ f''(d) > 0$$

当内部化已经达到较高程度，内部化的边际成本又会出现递增的趋势，也就是管理成本的边际效用递减。

内部化成本大小的以上特性（先经历规模效应，边际费用减少，而后递增）在实证研究中已经得到了一定程度的证实。褚俊英等（2004）对不同规模污水处理厂的基建费用和单位运行费用进行了比较，这项研究得出的结论是若污水处理厂的处理规模超过 30 万吨/日，其规模效应就不明显了，综合考虑基建成本和单位运行成本，5 ~ 20 万吨/日的规模较为有效，见表 3-4。

表 3-4 不同处理规模的单位运行费用

规模/（万吨/日）	0 ~ 1	1 ~ 3	3 ~ 5	5 ~ 10	10 ~ 20	20 ~ 30	30 以上
运行成本/（元/吨）	0.853	0.523	0.459	0.470	0.353	0.330	0.348

综上，绝对环境效应（E_a）和交易费用大小（C）的概念模型可以用图 3-4 表示。按照上文的叙述，该图的政策含义就是：在某一程度的政策干预下，E_a 代表被避免的损失，C 代表该干预程度下的政策成本，那么政策的净收益就是两者的差值。这实际上为环境政策的费用效益分析提供了一定的理论依据。

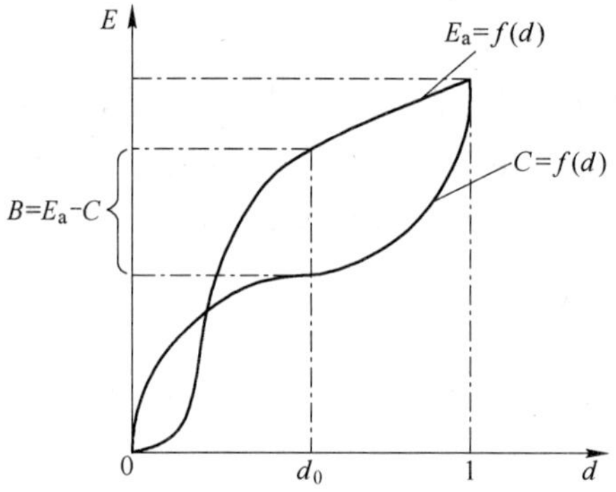

图 3-4 环境政策成本-效益示意图

3.3.4.3 相对外部效应（E_r）的大小

以上仅是从社会总体的层次去认识环境效应和交易费用的大小，或者说环境政策的收益和成本情况，这对于掌握政策的总体效率来说是非常重要的。但是，公共政策同样要关注个体，特别是弱势群体，这就是政策的分配问题。同样一个单位的外部效应或交易费用，对于不同人群的福利影响是不一样的。下文将继续讨论环境效应的分配问题，或者说交易费用的担负问题。

正如本书一直所强调的，消除环境效应是政策的首要目标，不仅从解决科学问题的角度是如此，从社会公正的角度来说也是如此。因为环境外部性（本书主要讨论有害的环境外部性）中包含着一种损失和收益不对等的关系，在这种外部关系中，承受外部损失的人是无辜的，而通常情况下，这部分人恰恰是社会弱势群体，他们的福利需要得到格外的保护。消除有害的环境效应可以说对弱势群体的福利改善有巨大作用。而对于输出污染而因此获得外部收益的人来说，他们所获得的这份收益本身就属于“不义之财”，况且，不能指望他们自觉把这部分收益拿出来进行社会再分配（例如进行补偿或环境治理）。尽管这部分“不义之财”仍然属于社会福利的一部分，但终究是被少数人所占有，而且是通过对弱势群体的剥削而获得的。因此，本书认为，从改善社会总福利的角度来说，重要的不仅仅是“外部收益与外部损害的差异”的绝对大小，更为重要的是看外部损害，以及外部损害所涉及的人群，因为等量货币的损害或收益，对于不同社会阶层的人来说所带来的福利损失或收益是不同的，显然对于弱势群体福利的影响更大。

举个例子来说，假设一个经济体中有一个钢铁厂和一个农村，钢铁厂在治理污水行为上的“偷懒”对其带来了1000万元的额外利润，但其污水使下游村庄的村民庄稼和健康受到损失，假定为900万元。从表面的经济数据来看，钢铁厂继续“偷懒”的社会净收益是100万元，但这真的是有效率的吗？设想，这1000万元对于钢铁厂而言也许只是其总利润的10%，甚至更少，而且这些利润的分配主要在钢铁厂内进行；而损失的900万元可能是村民总收入的80%或者更多，他们对这900万元的福利评价将高于钢铁厂对1000万元的福利评价。在这种情形下，显然应当是以某种手段对污染效应进行消除。进而假设对村民造成的损失是1100万元，那么，毫无疑问，治理污染或者说消除污染带来的负效应无论从经济效率还是从社会效率而言都是有必要的。

上述事例想说明的是：无论外部收益和外部成本具有孰大孰小的关系，都不能轻易断言该外部性问题是否需要被处理。对于环境外部性而言，尽管在对政策进行费用效益分析的时候要考虑损害和收益之间的差异，但损害比收益更应当受到重视。因此，仅从社会整体考虑外部效应可能是不全面的，还需要考虑个体之间的差异。

外部效应的相对大小是指真实的外部效应对于受影响主体相对效用损害的大小，最为通俗的说法就是：同样是1元钱的损害，对于富人和穷人来说，对其福利的影响是不同的。如果用避免损害所需支付的交易费用来衡量绝对外部效应的大小的话，外部效应的相对大小也可以理解为相对的交易费用。要辨识外部性影响的差异性和相对性，需要将真实环境损害（或交易费用）和干系人的福利直接联系起来。对于政策设计而言，同样的政策资源，在选择投入对象的时候，应当优先考虑弱势群体。

假定单位污染排放对于人群造成的客观影响是无差别的，例如1

吨 COD 的排放对于住在沿岸的居民（无论贫富）所造成的影响是同等程度的饮用水味道不好，为了去除味道，每个家庭需要额外支付的成本为 100 元。假定只有两个家庭，那么这 1 吨 COD 所造成的绝对外部效应货币化后为 200 元，由两个家庭平均承担。但是这 100 元对于穷人和富人的影响是不一样的，假定穷人家庭的收入只有 1000 元，而富人家庭的收入为 10000 元，100 元的支出分别占据了两个家庭收入的 10% 和 1%，显然对于贫穷家庭的影响要大得多。因此，同一个单位的环境效应（交易费用）对于穷人而言，其受到的影响是富人的 10 倍！这就是外部效应相对大小的重要意义所在，它能够反映相同环境效应（或交易费用）对于不同人群福利影响的相对差别。

为了简化讨论，这里考虑收入（I）是影响干系人福利的最主要因素，那么外部效应的绝对大小（E_{a}）和相对大小（E_{r}）的关系可以表示为：

$$E_{\mathrm{r}} = E_{\mathrm{a}}/I$$

即外部效应的相对大小与收入成反比，与绝对大小成正比。那么对于不同的干系人而言，在同样的客观环境效应影响下，两者的相对效应大小比值为其收入的反比，即：

$$E_{\mathrm{r}_i} : E_{\mathrm{r}_j} = I_j : I_i$$

更为普遍的情况下，不同主体所承受的客观环境效应也不同，两者的相对效应大小比值：

$$E_{\mathrm{r}_i}/E_{\mathrm{r}_j} = \frac{E_{\mathrm{a}_i}}{I_i}\bigg/\frac{E_{\mathrm{a}_j}}{I_j} = \frac{E_{\mathrm{a}_i} I_j}{E_{\mathrm{a}_j} I_i}$$

$$E_{\mathrm{a}} = \sum E_{\mathrm{a}_i}$$

由以上 4 个公式反推可以知道：在政策资源有限的条件下，要实现最大限度的福利改善，应将资源分配的对象根据外部效应的相对大小排序，优先把资源分配给相对外部效应大的问题。从政策成本的角度来说，应当优先让相对交易费用小的主体承担内部化的成本。

综上所述，绝对外部效应大小、交易费用、相对外部效应大小、相对交易费用几个概念都具有一定的政策含义。绝对外部效应大小是污染问题造成的客观损失，在一定的政策干预下，被避免的外部效应大小就是政策的收益；绝对外部效应大小与交易费用的测量和比较就是环境政策费用效益分析的基本内容；相对外部效应的大小则可以反映污染问题对于个体影响的差异性和相对性，并可以据此对有限的政策资源进行分配，优先投入在相对外部效应大的主体上，以实现最大化的福利改善；在考虑政策成本的分担问题时，则可以使用相对交易费用的概念，应当优先让那些相对交易费用小的人群（也就是相对的富人）承担。各类环境外部效应大小的核算指标和方法如表 3-5 所示。

表 3-5 环境外部效应大小的核定指标和评价方法

环境外部效应大小			核定指标	评价方法
总体	绝对外部效应大小	以环境量核算的效应	污染物排放量、污染面积、水质类别变化、相关发病率、死亡率、受影响的人群数量	排放模型、水质模型、环境监测、生态监测、健康调查等
		以经济量核算的效应	污染损失	各类污染损失评估方法
	交易费用		政策的遵守成本、监督成本	经济分析方法
个体	相对外部效应或相对交易费用大小		个人/人群收入、满意度、支付意愿、接受补偿意愿等	问卷调查、深度访谈

3.4 外部性与相关概念之间的关系梳理

外部性之所以饱受争议而又停滞不前，主要原因之一就是外部性概念与其他相关概念之间的关系含混不清，很多经济学家们并不承认外部性概念的正统性（Xavier，1978）。有些经济学家认为外部性不过是市场失灵的同义反复，例如巴特尔（Bator，1958）没有直接定义外部性是什么，但是他认为外部性包含了“市场失灵”的主要来源，巴特尔也是第一次使用“市场失灵”的学者。有些经济学家认为外部性所能解释的问题用其他诸如信息、交易费用等概念也能解释，因此外部性的概念不具有独特的解释力（参见本书 2.1.4 节）。

张五常在其著名论文《合约结构和非排他性资源理论》的开篇就不无讽刺地写道（Steven Cheung，1970；作者译）：

“一个有用的分析概念的形成过程不仅是缓慢、痛苦的，也有可能是误入歧途且一无是处的。有些人从一个例子或者一种观察出发，得到一个看上去似乎很精彩的理论，从而产生一个与空洞概念相关联的理论用词。表面上看上去不同的例子出现了，另一种理论又产生了。如此继续，例子和理论逐步积累，不同类别的东西被冠以同一个头衔，带来的只有更加的模糊和迷惑，最后每一个理论就变得自成一体。‘外部性’这个概念就是如此。”

张五常进而对外部性提出了三个方面的批判：一是产权没有明确界定的情况下谈论外部性问题，此时外部性概念是模糊不清的，到底是谁对谁产生外部性；二是之所以外部性概念含糊不清，是因为合约本身的不完全性或不完善性，而这又是由于获取信息需要支付成本；三是既然外部性的概念含糊不清，以合约理论取代外部性理论更加符合真实世界。张五常的批评不无道理，作者在前文已经反复阐述过对张五常和其他学者观点或支持或赞同的部分，但是，对外部性概念的全盘否定是本书所不能接受的，否则本研究也就失去了继续的意义。

本节将主要基于作者的认识，对外部性、市场失灵、公共物品、产权、信息、交易费用等概念之间的关系进行梳理。当然，作者的基础知识主要是通过阅读前辈经济学家们的论述而得来的，但是会结合作者在这一方面的长期思考和认识，提出不同的观点。本书认为，尽管界限有时候不是那么明显，但外部性和一些相关概念之间是有界限的，至少从因和果的关系上来说不应含混不清。

3.4.1 总体关系

当初约翰·克拉彭爵士（John Clapham）批判外部性是个“空盒子”（empty box），是因为他认为现实中找不到与外部性相对应的东西。确实，外部性是一个抽象的概念，它并不像信息、公共物品、产权这些概念一样，它们都是直接来自现实世界，而外部性则是经过了一次对现实世界的概括和抽象。当人们提到信息、公共物品、产权时，几乎都能够立即联系到一些看得见、摸得着的实物，而外部性这个概念，如果不是因为它经过了众多的争论而广为人知，人们很难直接将它与现实世界中一件具体的事物联系起来。但是通过后来经济学家们发展了很多经典的例子（特别是污染问题方面的例子），这个“空盒子”被不断充实。尽管如此，克拉彭的“空盒子”还是给了作者一些启迪：外部性不是一个“空盒子”，但它却是个“盒子”，在它的概念框架下，可以容纳诸多现实世界中具有一些共同性质的事物或关系。信息不对称、产权不明晰、公共物品这些现象或事物所带来的部分后果也可以被这个“盒子”所包容。因此，本书认为，外部性、信息不对称、产权不明晰、公共物品之间的关系可以用图3-5形象地表示出来。由于产权不明晰主要指的是事物不具有明晰的私有产权，因此公共物品可以视为产权不明晰的一种特例。信息不对称和产权不明晰也有交汇的地方。

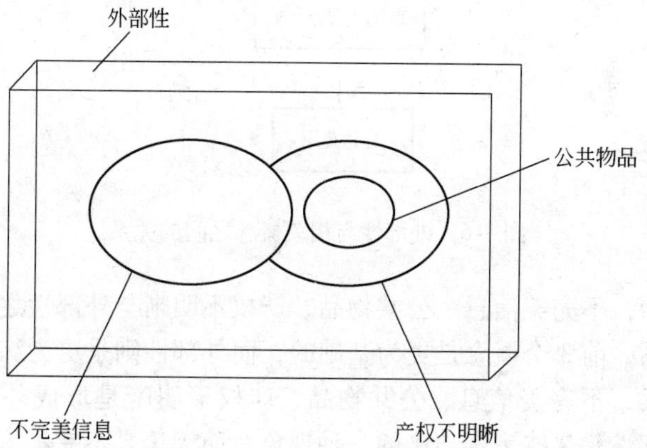

图3-5　外部性、信息、公共物品、产权之间的关系示意图

本书对于这些概念之间关系的进一步梳理见图3-6。本书更加倾向于把外部性作为一种现象，更为具体地，所有环境问题所表现出来的共性就是环境外部性，而不是把外部性作为解释环境问题的原因。因此“存在某某环境问题，是由于有外部性”的说法基本没有意义，只能说“某某环境问题属于外部性的范畴”，或者说“某某环境问题具有外部性的属性”，但产生该问题或该类外部性的具体原因还需具体分析。

关于外部性的原因，主流的观点认为产权不清晰是外部性产生的根源，因而界定产权被认为是克服外部性问题的根本、甚至是唯一途径（Harold Demsetz，1964；H. Dales，1968；马中、蓝虹，2003）。

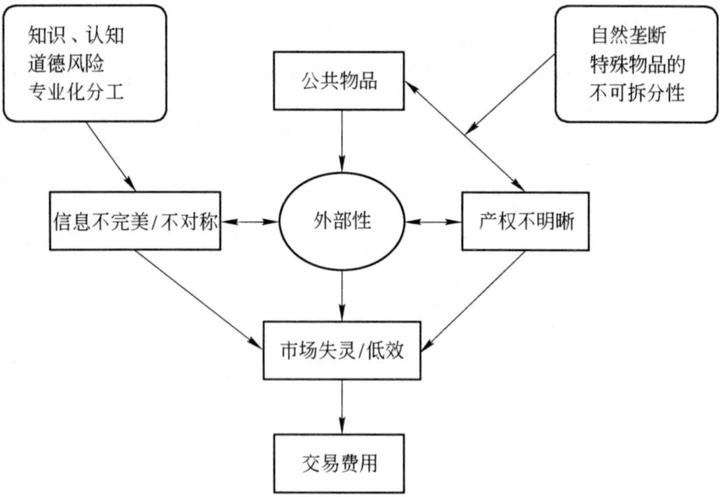

图 3-6 外部性与相关概念之间的关系

本书认为，不完美信息、公共物品、产权不明晰与外部性之间不是并列的关系，前 3 个概念是更为基础的，而外部性则是更为综合的。大部分时候，不完美信息、公共物品、产权不明晰是形成外部性的原因，外部性是最终表现出来的一种现象。而无论是不完美信息、公共物品、产权不明晰都将带来交易费用的问题：这就是信息搜集费用、公共物品（如灯塔）的收费问题（R. H. Coase，1974）、界定产权的费用等。所以，交易费用是衍生于这些原因的产物，而外部性中或多或少包含了信息、产权等原因，自然地，外部性也会导致交易费用。特别地，信息和外部性之间具有双重关系，前文已经论述过不完美信息会引发外部性问题，反过来，在存在外部性的情况下，利益主体也可能故意隐瞒信息，人为地造成信息不对称，以保证自己是外部关系中的受益方，这一层关系将在 3. 4. 2 节单独讨论。

需要说明的是，图 3-6 中的箭头只是表示一些可能的因果关系，但不是必然的因果关系。在一项外部性问题中，可能同时包含了多种原因。总体而言，不完美信息、公共物品、产权不明晰可能导致外部性的产生，这些因素以及它们导致的外部性将进一步表现为市场失灵，而交易费用则是为克服市场失灵所需支付的成本，因此，本书更倾向于认为，交易费用是市场失灵的一种结果。由于外部性的潜在性，又可能激发信息不对称现象的产生，造成外部性的事实发生。而知识和认知方面的缺陷、道德风险、专业化分工等则是造成信息不对称更为基础的原因；对于产权不明晰而言，其基础原因则是自然垄断、特殊物品的不可拆分性等。

本节在关于信息的表述上区分了信息不完美和信息不对称两个概念，主要是希望说清楚信息与外部性的关系，下文将提供详细解释。另外，在本书的第 2 章提到，作者并不赞同“市场失灵”的说法，更倾向于使用“市场低效”表述同样的意思，但是为了与文献的说法一致，本书仍然沿用“市场失灵”。

3.4.2 信息与外部性的双重关系

信息与外部性之间有特殊的关系，它们之间不是简单的“因”和“果”关系，而是互为因果的双重关系，如图 3-7 所示。一方面，每个决策主体拥有不同的信息，由于一些天然的因素，这些决策者作决策时是分离的，因此互相之间存在一些对方不知道的信息，从而产生第一类信息不对称，即主要由自然因素造成的信息不对称；另一方

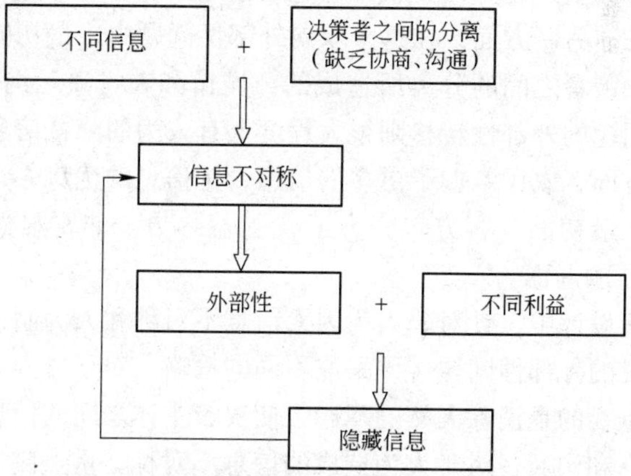

图 3-7 外部性与信息的双重关系

面，第一类信息不对称造成了一些外部性，某些人由于信息不对称获得外部收益，另外一些人则有外部损失，这也就是说决策者具有不同的利益。获得外部收益的那些人就有动机继续隐藏信息，从而造成第二类信息不对称，即主要由决策主体在利益驱动下人为制造的信息不对称。

举一个例子说明这种关系：作者曾经赴 H 省 X 市农村地区调研某流域水污染问题，在所调研的村落附近，小河小沟被严重污染，造成污染的主要原因是城市排放的工业废水和生活污水，农民为了饮水安全不得不放弃取用地表水作为生活用水，必须花费额外的成本获取地下水以供饮用。当地部分农民为菜农，蔬菜作为家庭收入的主要来源，他们将所种蔬菜分为两类，一类为自家食用的，另一类到城里的集市出售。两者的区别主要在于栽种的地点和浇灌用水不同，自家食用的蔬菜主要栽种在院落里，用水质较好的地下水浇灌；而出售的蔬菜则栽种在村里河沟附近的菜地，直接用污水浇灌。菜农卖给城市的蔬菜中包含了有害污染物，而城市居民却浑然不知。菜农当然也没有动机告知城市居民他们所出售的蔬菜中含有大量的污染物，否则的话，蔬菜就卖不出去。在这个案例中，一方面涉及到外部性的方向问题，这是一个典型的双向外部性问题：城市的污染向农村转移影响了农民的生活和生产行为，而农民通过出售蔬菜将部分外部效应又转移到城市居民。另一方面，在这个双向外部性问题中，最初的外部性可能是由于决策者之间的分离所造成的，城市和农村缺乏沟通和协商，后面蔬菜问题的外部性转移则很大程度上有人为的隐藏信息因素在里面，在这方面，农民掌握了更多的信息，是信息的优势方，通过隐藏信息他们从最初的受害方转变为了“受益”方。非常显然，这是一种“双输”的局面。

在政策设计中，针对非人为因素信息不对称和人为制造的信息不对称所引发的外部性问题应该采取不同的策略。对于非人为的信息不对称，最重要的是消除天然的障碍，使决策主体之间的信息可以得到充分的共享和沟通。对于人为造成的信息不对称，重点应当放在改变利益格局，使某些群体不能从隐瞒信息中获取外部利益。因此信息在政策制订中发挥着特殊的作用，实际上，信息公开本身就是一种政策手段。一般而言，所有政策都依赖于信息，也就是说，政策制定者必须了解所要考虑的问题的技术以及如何平衡各方利益的问题（托马斯·思德纳，2005）。

3.4.3　外部性、交易费用与市场失灵

在传统的外部性理论甚至整个新制度经济学领域，交易费用被广泛认为是万恶之源，所有的所谓“市场失灵”现象都可以归咎于交易费用。但也有学者对交易费用做出了较为客观的判定，例如阿罗（Arrow，1969）认为交易费用是经济系统运行的成本，威廉姆森认为交易费用对于经济来说就像现实世界中的摩擦，是不可避免的（Oliver Williamson，1987）。

交易费用仍然是外部性理论中的核心概念，它实际上就是外部性内部化的成本，是制定、评估环境政策需考虑的关键要素。在本书3.3.4节对外部效应大小的界定中也讨论了交易费用与外部效应的关系，这里还将专门用一小节阐述作者对交易费用的独特视角。

本书不赞同“交易费用为万恶之源”的说法，上文中阿罗和威廉姆森的观点较为容易接受。市场运行本身就有摩擦，摩擦之于市场而言就像病菌之于人体，是内生于人体的，而交易费用恰恰是为减少这种摩擦的必要支付，交易费用起的是润滑油的作用。因此，如果一定要做一个对错的判断，那么错的是市场，而不是交易费用，市场作为一种制度安排，它本身存在不完美的地方。正如人生了病，医治要花钱一样，要怪的是自己身体不好，不能怪医院收费，而避免的办法就是自己强身健体，而不能苛求医院治病不收费。从这个逻辑出发，所有因为市场失灵而受到过批判的概念都应当得到“平反”，包括交易费用、外部性、信息不完美/不对称、产权不明晰。正如市场的捍卫者会说“如果不是因为有交易费用、外部性、信息不对称、产权等问题，市场就不会失灵”，这里，我们也可以反问“如果市场它自身就是‘灵’的，何来交易费用、外部性、信息不对称、产权等问题呢?”这似乎有点像“鸡生蛋？蛋生鸡?”的问题，但仔细想来，这种反问实际上是不无道理的。所谓的“市场失灵”，实际上是经济学家们将现实世界与一个空想的参照系对比，两者之间存在的差异。

这个参照系就是完美市场，这个完美市场的基本要求就是完全竞争、完美信息，所有交易没有任何中间费用的发生。通过与这个理想世界的比照，两者之间只要存在差距就是市场失灵。而交易费用往往就“不幸地”成为被批判的目标，甚至被认为是万恶之源。

我们所处的现实世界是一个充满矛盾和摩擦的世界，也正是在克服这些矛盾和摩擦中社会才得以进步。如果只承认那个空想的参照系为市场的话，那人类从来没有经历过市场经济；否则，那我们就必须接受市场本身就带有摩擦这个现实。而我们所努力的，只是去试图减少已知世界的摩擦，从而向理想世界逐步接近。为了展示认知增强和市场完善的过程，将市场进化的过去和将来划分成不同时段，T_1，T_2，T_3，…，T_n。即使在 T_n 这个时段我们自认为对该时段内的世界“无所不知”，我们在认识上的进步实际上就是在 T_{n-1} 所没有认识到的，但是却无法对 T_{n+1} 时段的世界完全预知。因此，在 T_n 这个时段，我们所能认识到的至多也就是基于本时段所掌握知识的交易费用，包含部分在 T_{n-1} 时段没有被识别出的交易费用。所谓减少或者克服的交易费用，也只能发生在被识别的那部分。

为了表述出不同时段交易费用被识别或被克服的情况，作出图3-8。图中顶部的方框代表所参照的理想的完美市场，大箭头代表现实世界中人类的认识水平，随着时间的推移，人类的认识逐步向理想世界迈进。每个时段对应一个认识水平，在此认识水平上，部分交易费用被识别，部分交易费用仍将被遗留到将来时段被识别。图中竖的虚线部分表示的是被识别的交易费用，竖的实线部分表示的是尚未被识别的交易费用。人类在认识上进步对于交易费用的作用是两方面的：一方面，在以前的时段中没有被认识到的交易费用被识别了出来；另一方面，以前被识别的交易费用随着科技的进步被减少或克服。图中除大箭头外，另有两条单线箭头，分别构成静态和动态的分析框架。在静态的分析框架中（水平的单线箭头所示），主要体现了人类认识进步的第一方面作用，即部分潜在的交易费用被识别出来；而动态的分析框架（向右上方倾斜的单线箭头）则主要反映了认识进步的第二方面作用，在该框架中，箭头以下的实线部分是被减少或克服的交易费用，箭头以上的实线部分则是已被识别但是尚未被克服的交易费用，第二条箭头线与大箭头之间的差距显示了人类认识和能力之间的差距。也就是说，认识到了一些交易费用，但目前尚没有能力克服。

图3-8揭示了人类对于世界认识和解决问题能力的三重境界："理想-认识（理论）-能力（实践）"。这三重境界两两之间的差距都对应了交易费用的一部分，分别为：

（1）理想和认识之间的差距，对应未被识别的交易费用。

（2）认识和能力之间的差距，对应被识别但没有被消除的交易费用。

（3）理想和现实之间的差距，对应未能消除的交易费用，包括未被识别的那部分以及被识别但是尚未能被消除的那部分。

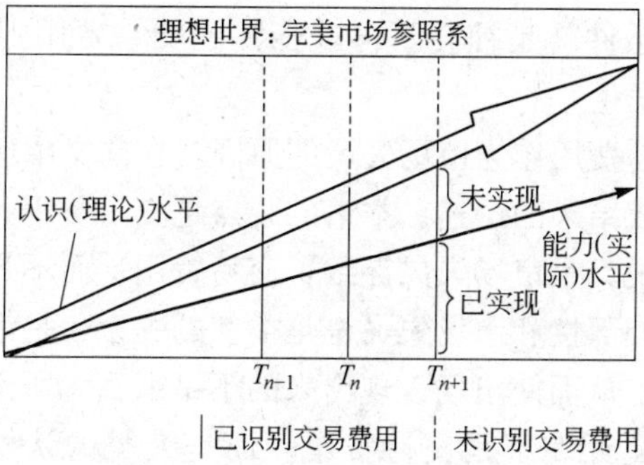

图3-8　交易费用示意图

市场的进化其实就是旧的交易费用被减少或克服，但新的交易费用又产生，而这种新的交易费用显然不是真正的"新产生的交易费用"，而是新被识别的，它一直就存在。因为市场的每一个进步都可以认为是向完美境界的一次靠近，因此21世纪发现的某种交易费用很可能在16世纪就存在，只是在当时没有被识别出来，许多潜在的交易根本没有被意识和认识到。

由此可见，过去关于交易费用的认识可谓是"捡了芝麻丢了西瓜"。部分经济学家的交易费用"元凶"论有以下不当之处：

（1）正如上文所说的，他们所批判的无非只是被识别的那一部分，而未被识别的那部分根本进入不了分析的范畴，因此，对于外部性和交易费用的认识其实只是部分理性，而在部分理性的基础上做出的判断以及建立的解决方案注定是有缺陷的。

(2) 传统的经济学并没有正确地给出交易费用为零的具体条件。交易费用为零通常被作为一个假设或者条件，但是却没有给出交易费用为零的具体条件。按照本书的分析框架，交易费用为零有两个条件：所有交易费用都被识别，这是前提条件，这要求人类无所不知；所有交易费用都被克服，这是必要条件，这要求人类无所不能。显然这两个条件中的任何一个都不可能实现。那么唯一、勉强的可能就是人类社会的发展水平停滞在某一个时段的水平，不再进步，在这个时段人类“无所不知无所不能”。在这个唯一且勉强的条件下，那些被识别的交易费用完全被克服了，而那些没有被识别，且永远不可能被识别（因为其条件就是社会不再进步）的交易费用则造成了一些交易永远不可能发生。

(3) 把交易费用作为市场失灵的原因。在前文中已经有关于交易费用作为原因或结果的论述，本书的观点是交易费用并非原因，而是结果，准确地说，是市场失灵导致了交易费用，而不是交易费用导致了市场失灵。外部性和市场失灵也是类似的关系，是市场自身的缺陷导致了外部性，从而使市场表现出来的不是那么无所不能。

由此可见，元凶不是交易费用，而是人类的认知水平（技术）和市场发育程度。张五常在这方面的论述最接近本书作者的观点，但也有所不同。他认为：在一个一般均衡的框架下，只要是被识别的交易费用，那么它就不会造成效率损失，因为一部分人付出的这部分交易费用必然被另一部分人所获得；而造成效率损失的只是那些没有被识别的交易费用。张五常区分了已识别和未被识别的交易费用，但是没有进一步区分在已识别的交易费用中实际上还包含了两类：已经发生的和潜在的交易费用。在一个市场经济框架下，已经发生的交易费用可以说就是被克服的那部分，因为它诚如张五常教授所说，一部分人的费用其实是另一部分人的收益，但前提是这部分费用已经切切实实地发生了。而当我们站在一个可持续发展的视角评价经济结构时，往往希望第三产业能够占有一个比较高的比例。而且可以说，第三产业的发展，主要靠的就是这部分交易费用。从这个角度来说，交易费用还能被说是无谓损失吗？答案显然是否定的。只要从生活中举几个例子就能体现交易费用为什么不是无谓损失，甚至反而可以促进市场效率的改进。发行股票是一种现代融资手段，一些具有成长潜力的企业借助股票市场实现快速起飞，除了企业有上市融资的需求，促使股票市场发展的另一个因素就是股票交易的佣金给证券从业人员带来高额的收入；快递业务与互联网的结合，使得电子商务得到了蓬勃的发展，而快递公司无疑是受大量的快递费的激励。正是交易费用催生了这些产业并使之繁荣，从而进一步促进了社会分工。

退一步讲，如果非要为市场失灵寻找一个“替罪羊”的话，导致市场失灵的是被识别但未能被克服的那部分。由于在现有的市场完善程度和技术水平下，支付这部分交易费用所获得的收益还不够大，所以支付未能发生，致使有些潜在的收益没有实现。例如环境产权的界定，尽管大家都认为清晰的产权界定就能够解决一些污染问题，但是由于我们现有的技术水平和市场发育程度下还难以做到，因此一些可认识到的帕累托改进还没有实现。

现实世界只要有交易就会有交易费用的发生，而根据经济学的一般原理我们知道，双方之所以交易是因为都能从中获利，也就是带来社会福利的提高。由此，很容易得到以下逻辑：交易必然有交易费用，交易一定带来福利增加。反之，不交易“似乎”没有交易费用，但是也没有福利的增加，但是并不是真的没有交易费用，有可能是一些潜在的交易机会没有被我们认识到，而未发生的潜在福利提高则是没有交易时的交易费用。由此看来，交易费用确实是无所不在的，它并不是导致市场失灵的元凶。也许，有些时候，我们所看得到的交易费用却是现实的最优解。张五常（2009）教授也有类似的观点：交易费用是可以在一个完全没有交易的情况下出现的。也就是说，只要竞争存在，交易或制度费用一定存在。如果交易费用不存在，就不会有市场，市场的存在是因为交易费用不是零。因此，传统经济学对于短期利益的追逐导致了其对交易费用的歪解，在环境经济学或可持续发展经济学中，交易费用应该得到

“平反”，那些已经被市场所实现了的交易费用是帕累托不相关的，它们实际上是价值增值环节中必不可少的支出；对于那些已经被识别但是尚未在市场中实现的交易费用，要通过制度创新和技术创新使其得以实现，使其进入“市场之内”；尤为重要地，对于人类的认识水平应当谨慎乐观，我们目前认为没有问题的解决方案未必真的就那么“没有问题”，在对待自然环境和利用资源时，要在不断反思中探索未知世界，把潜在的交易费用识别出来，挖掘交易发生的可能，进而将其实现。

3.5 外部性内部化的分类

环境问题除了具有其他公共问题（如交通拥挤问题）的共有特点外，具有其特有的复杂性。环境问题的复杂性被 Ellen 等（2003）总结为三种不确定性：

（1）认知的不确定性：主要是由于知识的缺乏。

（2）策略的不确定性：众多参与者的策略都是基于自身对问题及其解决途径的认识，不同参与者之间的策略有冲突，往往导致政策辩论中的“死结”，或带来不可预见的结果。

（3）制度的不确定性：不同的决策被不同的参与者在不同的政策空间中做出，环境问题的制度安排被高度分散。

以二氧化碳为例，三种不确定性依次表现为：（1）尽管大家认为二氧化碳在大气中的含量增加会导致气候变化的环境风险，但是我们并不确切地知道在哪个浓度会导致风险的发生，以及风险有多大；（2）许多人关注二氧化碳排放的问题，但他们都有自己的策略；（3）关于二氧化碳的决策在地方、国家、国际等各个层次中的各个部门做出，如经济发展部门、环境保护部门等。

因此，本书反复强调环境问题的解决不单是外部关系的内部化，更重要的是环境效应的消除。这也是基于本书对于环境外部性的定义，环境效应并不会伴随外部关系的内部化而自动消除。**根据内部化手段的效果，本书将环境外部性的内部化分为形式上的内部化（货币内部化）和实质上的内部化（效应内部化），其中货币内部化消除了外部关系，效应内部化则消除了环境效应。**可以说，环境政策的首要目标是有害环境效应的消除，再追求一点公平和效率的话，那才是外部关系的消除。传统的关于外部性内部化的所有讨论都没有考虑到这一点，因为其假设就是环境效应会伴随着外部关系的消除而消除，并据此提出“污染者付费、受益者补偿”等原则。从公平和效率的角度来说，这些原则本身并没有错。但是为什么这些原则应用于环境政策时却困难重重呢？“政策失灵”表现为外部关系没有得到充分的内部化，也就是说对环境外部性的定价过低，使排污主体缺乏足够的动力减少污染物排放；更为恶劣的情况是，有些政策设计根本就没有考虑到环境效应的消除。

外部关系不可观察，而环境效应是可以观察的。根据传统的定义（MSC-MPC）要准确衡量外部关系，必须掌握各排污企业的成本信息，而且在掌握这些信息的过程中会受到利益主体的人为干扰，因此这几乎是不可能的。而环境效应则可以通过环境质量、受体健康等客观现象反映出来，是可以通过科学的监测来衡量的。如果要追求政策目标实现的确定性，那么必须基于确定的信息基础，从外部关系和环境效应两种信息的确定性比较来看，环境效应的信息更加具有确定性和科学性，因为外部关系往往涉及到“人”，而人的问题最为复杂。这也进一步说明了环境政策设计的首要原则是促进有害环境效应的消除，而不是外部关系的消除。根据这个原则，对于所有环境政策进行评价，最首要的就是看环境效果，即环境质量有无改善、污染物排放有无减少，其次是对于政策行动绩效的考核。对于政策设计而言也是一样，政策目标和政策手段是相辅相成的，理想的环境政策设计应当是“政策目标对应成本最低的政策手段组合”。但是大多数情况下是政策目标既定下选择有效的政策手段，关于政策目标的确定和政策手段的优化的关系将在第5章详细论述。

关于内部化的两种结果，在3.1节吸烟的例子中已经有所触及：只要交易发生，那么就意味着外部关系的终结（或部分的终结），但是效应是否消除还要取决于交易后的行为选择。这里不再重复吸烟的例子，以环境保护中的生态补偿手段为例简要说明。

生态补偿是一种基于环境和生态服务价值的一种经济手段，旨在对保护者增加正的环境服务提供激励，或对有害环境效应的受害者提供补偿。生态补偿有四种形式：直接的公共支付、直接的私人支付、限额与贸易计划、生态认证项目（Scherr et al, 2006）。目前我国环境领域的生态补偿仍然在探索之中，总体上属于直接的公共支付，以河南省郑州、开封、许昌、漯河、平顶山、周口六市之间展开的沙颍河水环境保护生态补偿为例，基本属于政府间的横向财政转移支付[1]。根据该省的两个主要文件，生态补偿的资金流为“扣缴-奖励-治理”。按照本书的思路，如果作为一项政策设计，首先要考虑的是资金的使用，即要确保扣缴的资金被直接用于或鼓励沙颍河水污染的治理。资金的使用在河南省的文件中有如此规定：“生态补偿金主要用于流域内生态补偿及水污染防治、环境测控能力建设和对水环境责任目标完成情况较好的省辖市的奖励等。”对资金使用的方向规定是较为明确的，但对资金使用的主体并不明确。从政策实施的效果来说该项政策对于环境效应的消除起到了积极的作用，与上年同期相比，2009 年 1 ~ 6 月，沙颍河流域化学需氧量浓度平均降低 10%，氨氮浓度平均降低 50.7%，其中，贾鲁河、清溴河、双洎河 3 个支流水质变化比较明显（邵倩，2008）。再进一步看外部关系的内化，两个文件中规定的扣缴标准并没有列出科学或者管理上的依据，但从实际发生的金额来看，数量还是比较大的，2009 年第一季度共扣缴生态补偿金 3733.5 万元。其中，郑州市 880.15 万元、平顶山市 155.75 万元、许昌市 43.35 万元、漯河市 1806.6 万元、周口市 847.65 万元，开封没有扣缴。由此可以看出，河南省在生态补偿政策的设计上存在补偿标准不科学、资金使用主体不明确等问题，但是从目前的数据来看，环境效果却是显著的，可以说总体上是成功的，在今后的实施和推广中可以不断完善。

政策，或者扩大一步说，制度存在的必要性就是因为市场存在低效的情况，那么，类似于科斯定理，假定政策的“纠偏”成本为零，则政策的初始安排不会影响政策纠正市场低效的效率。由于信息收集

---

[1] 主要参考河南省两个文件：河南省人民政府，《河南省沙颍河流域水环境生态补偿暂行办法》（2008）；河南省财政厅和环境保护厅，《河南省沙颍河流域水环境生态补偿奖励资金管理暂行办法》（2009）。

需要大量资金的投入和时间的累积，因此政策设计是允许犯错的，但是应当具有较好的“纠偏”机制，这种机制可以使今后的政策不断向正确的方向发展。在政策设计或政策评估中，判断环境政策手段的有效性首要的是看其能否消除环境效应，在此前提下不断完善其对外部关系的内部化功能。

4 中国流域水污染防治政策框架设计

自本章往后均为本书的实证研究部分，将以我国典型的流域水污染问题为例，全面检验前文对外部性理论的发展。流域水污染防治可以说是一个超级难题，选取这么大的问题作为研究对象，作者深感能力和资源的欠缺。但是流域水污染问题也是我国环境保护事业中最为紧要的大事，在流域层次进行合理的政策设计具有重大意义，而外部性理论对于指导流域的污染治理再合适不过，因此作者宁愿“冒险”在这个领域进行一次尝试。本书作为一项实用性的理论研究，是本着解决问题的目标而进行的，无论是对于外部性的讨论，还是政策的设计，都是从问题出发的，基本逻辑就是从问题到理论，再到政策设计。实证部分将运用外部性理论的分析框架对流域水污染问题的外部性属性进行识别，并进而进行政策设计。政策设计的结果既可以作为今后政策改革方向的指导，也可以作为政策评估参照的标准。关于外部性的所有问题，不是经济学或社会学就能解决的，一部分重要的基础性问题需要借助自然科学来解决，且由于作者的能力以及掌握的资源有限，很多问题难以面面俱到，可能会基于一些假设或者较为初步的研究和判断，所设计的政策也基本是框架式的，但更为重要的是在该部分将展示外部性理论将如何在流域水污染防治中发挥重要的作用。

4.1 流域水污染防治政策设计的理论框架

4.1.1 流域水污染防治政策设计的总体思路

基于本书对环境外部性的理解，环境政策设计的总体思路如图4-1所示。环境政策首要的追求是环境效果，即消除或减少有害的环境效应，或增加优质的环境服务；其次是政策的效率，在确定政策目标（即内部化程度）时力求收益大于成本；再次是通过合适的政策手段实现公平，内化外部关系，实现污染者付费，或受益者补偿。当然，三者没有绝对的边界，政策的效果和效率标准主要是从政策总体目标的层面而言，要实现效率，必然是与政策手段相对应的；把消除或减少有害环境效应作为首要目标也包含了社会公平和公正的考虑，因为弱势群体往往主要是环境效应的“消费者”，优先消除有害的环境效应就意味着弱势群体的利益受到保护，因此可以说，对环境效果的重视主要是基于一种环境正义的考虑；从另一个角度来说，优先提高或保护弱势群体的福利，可能也是边际费用最低的，因此也是有效率的。

总之，基于外部性理论，通过恰当的政策设计，是可能实现环境效果、经济效率和社会公平三者的统一的。

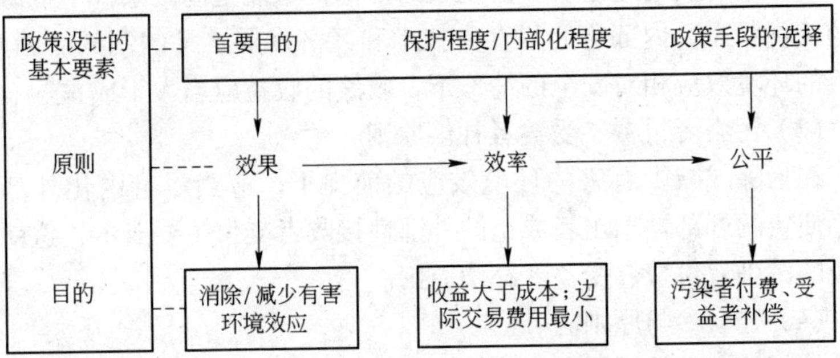

图 4-1　环境政策设计的总体思路

从以上总体思路可以看出，环境政策设计的基本原则可以抽象为效果原则、效率原则、公平原则，具体可以转化为以下更具操作性的原则：

（1）消除有害环境效应是第一原则。

环境问题本身在科学上就具有巨大的不确定性（例如重金属污染后果的潜伏性和累积性），而人为因素的影响（因为有利益，所以有人故意隐藏信息）往往使其不确定性和复杂性放大。在这些不确定下面可能导致两种情况发生。第一种情况是一部分人的利益在无端受损，另一部分人却从中获取不当之益，并且可能是隐藏的。在双方走向谈判桌或者达成协议的过程中，损害仍然在继续，而且这个过程往往是漫长的。此时政府不应该坐视不管，而应该一方面推进协议达成的进程，另一方面采取措施减少或制止无端损害的继续发生。第二种情况是双方已经达成某种协议，但是由于科学和人为因素造成的不确定性，协议是不充分的，例如按照协议给予补偿，但是没有规定如何使用补偿，而受偿者可能对潜在的危害认识不充分，以致获得补偿后不采取任何防护措施，客观的损害并没有因为补偿的发生而被消除。此时，政策的作用应该是介入合约之中，对补偿的使用方法进行干预。因此，无论何种情况，环境政策的首要原则是以消除有害的环境效用为目的，而不仅仅是经济意义上的内部化。

（2）费用有效原则。

根据交易费用理论，一定规模的外部性可能是局限条件下资源配置的较优状态，内部化的程度受技术和经济发展水平的制约。因此，在负的环境效应相对安全的情形下，政策的收益应当大于成本。

（3）污染者付费、受益者补偿原则。

在消除或减少有害的环境效应的前提下，应当尽量内化外部关系，使负的外部性输出者或正的外部性接收者支付主要成本，这就是常说的污染者付费、受益者补偿原则。

（4）公众参与原则。

外部性产生的原因之一就是交易的不充分，即一些主体没有充分参与到环境行为中去，他们被动地接受一些结果。公众参与一方面是给所有利益相关方表达和争取自身利益的机会，保障公平；另一方面又可以通过利益相关方的互动实现信息的分享，两方面对于消除或减少外部性都是有积极意义的。

以上4条原则并不一定能够同时被满足，有时甚至会发生冲突，在冲突发生时，可以大体按照以上顺序优先满足排在前面的原则。

正如前文提到，本研究推崇以问题为中心的政策设计理念，因此政策设计的起点和中心都是政策问题的构建。本书构建的环境外部性理论分析框架，首先就是对环境问题的外部性属性进行识别，包括对外部性的主体、方向、范围、大小进行识别，根据外部效应的绝对大小判断解决该问题可能获得的潜在收益，根据外部效应影响的范围选择合适的机构主导内部化的进程，根据外部关系的主体和外部效应的相对大小共同决定内部化（政策）的对象，最后，由所有因素共同确定内部化的手段，以期实现交易费用的最小化。基于外部性理论的环境政策设计的基本框架见图 4-2。

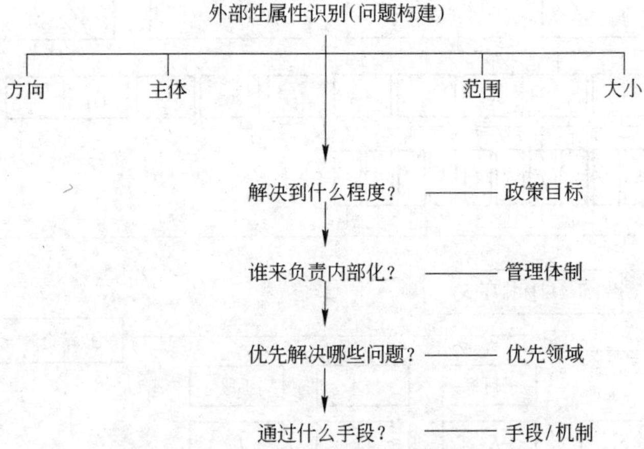

图 4-2 环境政策设计的基本框架

更为具体的操作思路见图 4-3。首先是根据上述的原则和基本框架对拟解决的环境问题 A 的总体外部性属性识别、确定总体目标、主要主体以及主要的手段类型。总体外部性属性的识别只能是定性的，更为具体的识别要依赖于对问题的细分，确定大小、方向等要素。其次，进一步对问题的优先性进行排序必须进一步将问题按照污染源或者问题的影响细分至 A_1，A_2，A_3，…，A_n；继续将各子类划分为（A_{11}，A_{12}，…，A_{1k}），（A_{21}，A_{22}，…，A_{2m}），…，（A_{n1}，A_{n2}，…，A_{nq}），理想情况下可以区分至具体的排放源，但是分得越具体，所需的信息越多，区分的细致程度取决于监测能力、政策预算等，但总体仍然遵循费用有效原则；第三步是对具体的子类问题进行外部性属性识别，基于边际外部关系最小化原则并结合可用的政策资源确定政策的目标分配，目标的分配中考虑成本最低的技术；第四步是确定政策手段，以确保政策对象在该政策安排下将具有“自动”选择最低成本技术以实现环境保护要求的动机。

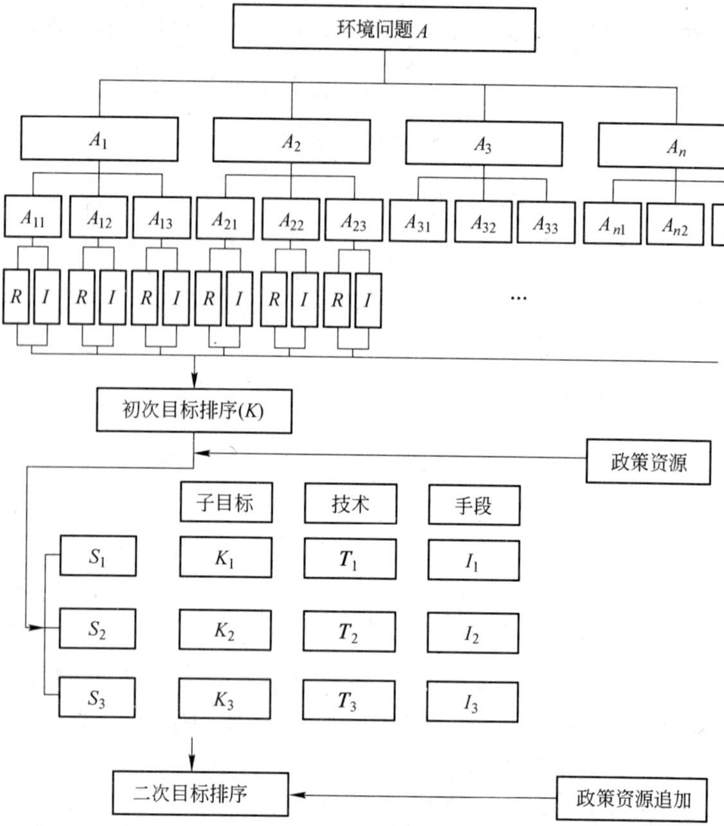

图 4-3　环境政策设计的操作思路

为了更加具体地说明上述环境政策设计的基本框架，下面以流域水污染防治为例简要说明框架在现实中的应用，见图 4-4。首先对流域水污染问题进行外部性识别，总体上属于关系复杂、环境效应很大的外部性问题。更加具体地，主体众多，属于典型的“多对多”型跨界（假定为跨省）外部性，且是部分可逆的（如下游的菜农可将用污水种植的蔬菜卖给上游）外部性。根据现有的政策资源和需求，总体控制目标是达到地表水Ⅲ类水质标准。由于是跨省外部性，应当主要由中央政府负责管理，综合应用命令控制和经济刺激手段。

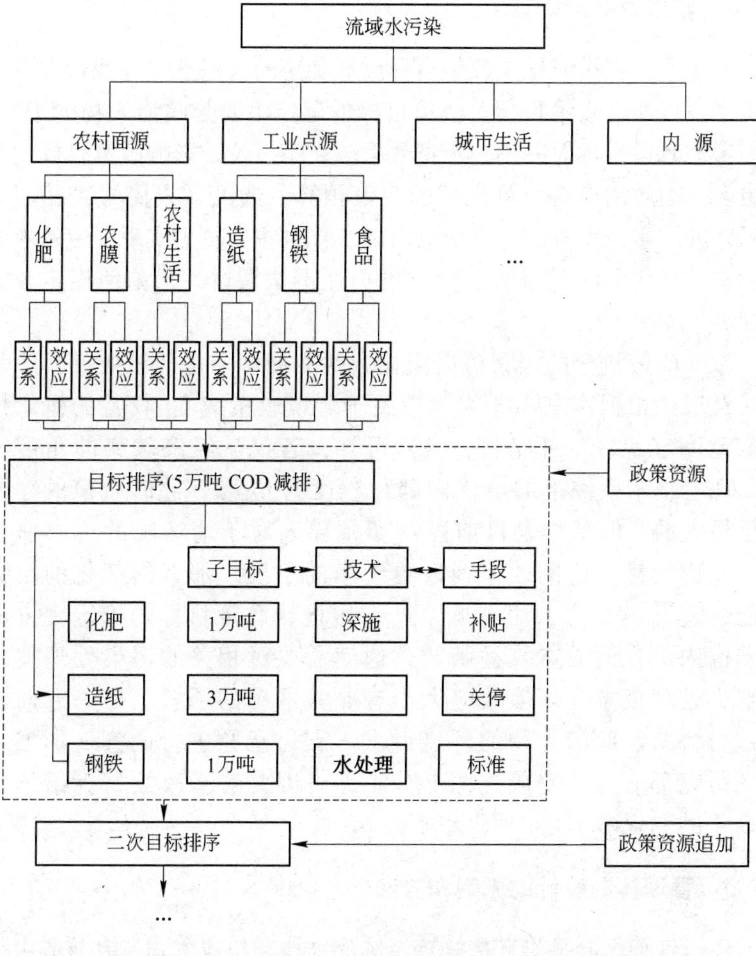

图 4-4 流域水污染防治政策设计思路示意图

接下来，对该流域水污染物的来源进行分类，分成农村面源、工业点源、城市生活污水、内源4大类，进而对各大类进行子类划分。对基础子类的外部性属性进行逐一识别，排列优先序并分配政策资源。当第一个政策周期结束，有政策资源追加（即政策力度加大）时，再进行第二次的排序和分配。

4.1.2　政策目标的确定

现实中，很多时候是政策目标已经确定的情况下去寻找最有效的政策手段以实现政策目标。政策目标的确定主要是政治人物的工作，他们考虑政策目标时并不一定把效率放在第一位，影响政策目标的因素更多的是政治声誉、可支配的政策预算、选民（人民）期望、社会问题的严重程度等。本书所从事的工作也主要是为实现既定的政策目标进行优化的政策设计，但这里仍然不妨探讨一下如何确定政策目标。

影响政策目标的因素可以简化为两方面：一是经济效率；二是政治意愿。根据本书3.3.4节中关于环境政策成本-收益的概念模型示意图（见3.3.4节图3-4）可知，若仅从经济效率的角度考虑，现有技术条件下的最优内部化程度为d_0点，此时政策的净收益是最大的。但是如果目前民众和领导人对于清洁水的诉求非常高，宁愿牺牲一定的效率换取更干净的水质，那么内部化的目标可能超过d_0，反之，可能低于d_0。因此，政策目标的确定一方面要掌握内部化的成本收益函数，这就需要对相关的污染处理技术水平、处理成本、环境效应大小有非常准确的了解，另一方面要通过对公众、政治人物的环境诉求、支付意愿进行调查。本书的实证研究部分无法完成这两部分工作，因此对于政策目标给不出定量化的建议。

4.1.3　管理体制设计的原则和方法

环境管理体制是指环境管理系统的结构和组成方式，其核心内容是机构的设置，目标是使各项环境政策具有明确、有效的责任主体（宋国君，2008）。任何完美的政策都必须得到一些机构的鼎力实施才有可能产生实质性的效果，管理体制是环境政策设计的重要内容。

在实践中，管理体制也是内生于政策设计中的，在可见的所有环境政策文本中，基本都会配以关于机构权力和责任的说明。

通常管理体制主要解决两个问题：不同级别政府机构之间的分工；不同部门之间的分工。本书主要基于外部性的范围和主体确定不同级别政府之间的分工，不同部门之间的分工在本书中不做过多讨论。水污染防治的职能由环境保护部门承担理所当然，在某些具体事务上需要其他部门的协助，但环境保护部门始终应当占据主导位置。外部性理论主要提供关于不同级别政府机构之间分工的视角，基本原则就是跨区域的外部性问题应当主要由上一级政府机构进行干预。本节将从 3 个角度展开对该原则的具体论证。

首先从贴现率的角度来看，不同的主体对于环境和资源赋予不同的贴现率。贴现率反映经济主体在当期利用资源的收益，也可以转换为经济主体保护环境的机会成本，贴现率越高表明等待的机会成本越高，因此越倾向于在当期或短期开采或利用资源，从而可能造成资源过快地消耗，反之可能导致过度保护。对于环境资源而言，社会贴现率等于资源使用的社会机会成本，资源使用的成本由两部分构成：资源的风险中立成本和风险升水（或称风险溢价）。私人和公共贴现率的差异可能就起源于私人和社会的风险升水之间的差异。对于私人或企业而言，他们所面对的风险就是资源产权制度的可能变化，例如私人或企业由于害怕在将来不能像现在一样免费或低价使用水环境容量，因此会抓住目前的一切机会排放污染，这种“害怕”越是强烈，风险升水就越大，那么企业的贴现率越高，因为他们倾向于在资源被政府占有或收回之前获取更多的利润。而对于社会（通常由政府代表）而言，则倾向于风险中立，对于资源赋予的贴现率较低，相比企业而言，政府更愿意保持资源的永续利用。除非是一个不打算长治久安的政府，才会一味地将现有的资源“套现”。从这条原则出发，对于环境外部性的解决有两条基本的途径，一是增强企业的“安全感”，具体办法包括明晰产权，并坚定地为产权提供保护；二是政府管制，但要保证一个良治的政府。前者主要是采取基于市场的产权和合约手段，但政府在中间的作用仍然是不可忽视的；而后者则不局限于庇古手段，因为政府管治的手段已经不局限于征税或补贴。总而言之，政府相比企业而言对环境和自然资源利用的贴现率更低，保护的机会成本也就越低。而地方政府和中央政府对于资源的风险预期也是不一样的，越高级别的政府对其掌控政策的信心越强（其中包含了任期、政绩考核、所掌握的信息等因素的影响），面对的风险溢价越低，相应地，贴现率也越低。因此，通常来说，较高级别的政府更加具有长远的发展眼光，对于资源利用的贴现率较低，即更加愿意保护或者储存一些自然资源。因此，对于跨境的外部性应当由更高一级的政府来主导，但具体采取哪类手段，要取决于手段的效率对比。这也奠定了本书关于管理体制设置的一般原则，即跨界的外部性问题应当由上一级政府来主导内部化的进程。

其次从信息来看，根据本书对于信息和外部性之间关系的论述，一方面信息不完美导致一些外部性，另一方面，由于有外部性的存在，负的外部效应的输出者存在隐瞒信息的动机，导致人为造成的信息不对称，以继续进行成本的转嫁。因此，从这个角度出发，在处理外部性问题时，需要寻找一个“无私”的信息提供者。在跨区域（例如跨市）的水污染外部性问题上，假设有上下游两个城市，对于处在上游的城市而言他们实际上从其污染物排放中获得了额外的收益。城市经济发展的基本单元是企业，城市政府的相当部分收入也来自企业所缴纳的各种税费，因此城市政府跟当地的排污企业在经济上是具有共同利益的。那么，只要当地企业的排污行为没有在当地造成较大危害的情况下，城市政府与企业一样具有隐藏信息的可能。而下游城市尽管深受其害，却迫于行政界限，难以获得关于上游排污的完全信息。而这两个城市共同的省级政府就不存在从外部性中额外受益的问题，正常情况下它也不应该偏袒某一方，如果让省级政府提供的话，它可以站在一个中立的角度，避免隐藏信息问题。

再次从外部关系来看，将跨区域问题交给上一级政府相当于把边界扩大了层次，在较低层次存在的外部关系到较高层次后可能就不存在了。还是以前面跨市水污染问题为例，现暂不考虑微观层次的单个排污企业，而以市为分析单元。在两个市的层次是存在外部关系的，上游城市是输出方，下游城市是接受方。但是如果上升到省的层次，这种关系就不是外部关系了，而是“内部关系”。当然，环境效应都还是一样的，但至少是将外部矛盾转化为了内部矛盾。根据本书对于环境效应和外部关系的二分法，没有了外部关系，上级政府可以主要专注于消除有害的环境效应，也就少了一份交易费用的支出。

对于代际的外部性，由于后代都还没有出生，现实世界中还找不到一个他们的利益代理人。需要一个贴现率最低、信息量最大、态度最中立的机构来为他们的利益进行保护，综合这些条件，我们认为只能姑且相信中央政府能够最为充分地考虑和保护后代人的利益。综上，可以根据外部性影响的范围初步建立环境管理体制的基本框架，如表4-1所示。

表4-1 主导内部化的政府级别选择

类 别	代 内	代 际
私人/企业	市政府	中央政府
市 际	省政府	中央政府
省 际	中央政府	中央政府
国 际	中央政府	中央政府
全 球	中央政府	中央政府

根据本书提出的管理机构级别选择原则，外部影响越大的环境问题应该由越高级别的政府负责管理。也就是中央机构管理代际、省际外部性，省级机构管理跨市外部性，市级机构管理市内范围的外部性。据此本研究设计的中国环境管理体制可以总结为“三级两层”管理体制，即根据行政级别自上而下设置国家级、省级、市级，同时各级（特别是国家和省级）环保机构按照需要下设分局。因此，主要机构设置如下（表4-2）。

国家环境保护部（将来也可以发展为综合性的委员会）统管全国环境保护事务，接受国务院的领导。国家环境保护部的区域分局，代表国家直接管理省际以上外部性。接受国家环境保护部的领导，与地方人民政府没有直接的领导关系。

省环保局/厅管理省内环境事务，受地方省人民政府领导，配合环境保护部及其区域分局的工作。根据需要，由省局向地方派出小区域分局，或直接向市派出分局。接受省局的领导，与市县人民政府没有行政所属关系。管理地方跨市、县的环境外部性。

市局管理本市、县内环境保护事务，主要履行执行、实施职能。

表 4-2 三级两层环境管理体制设计

三　级	两　层	管理范围	领导方式
国　家	国家环保部（委）	统管全国环保事务	国务院直管
	环保部区域分局	代表国家局管理地方省际、国际、代际外部性	国家环保部（委）直管
省	省环保局（厅）	统管全省环保事务	省政府领导
	省分局	代表省局管理存在于地方的跨市外部性	省局直管
市	市环保局	主要履行政策实施职能，基础信息收集、发布	市政府领导
	市分局/县局	视情况而定，可以由县局代替	市环保局直管

4.1.4 政策优先控制的领域

由于可用于水污染防治的政策资源并不是充足的，不是所有的问题都能够进入政策决策的议事日程，因此，政策资源应该优先投入到一些领域。在本书 3.2 节中初步提出政策资源分配的基本原则是优先解决环境效应大、外部关系简单的问题。在 3.2.4 小节中又进一步提出了政策优先序排列的操作性准则，优先解决相对外部效应大（或说边际收益大、边际费用小）的问题。

对政策对象进行排序，可以从成本和收益两个方面来进行，但本质基本是一样的。如图 4-5 所示，按照单位政策成本获得的减排收益由大到小排列，政策资源优先投入到获得边际减排量大的污染源。广义上讲，排序可以包含所有政策设计的内容，完美的政策设计其实就是对拟解决的问题进行正确的排序。排序所需要的信息包括：各个污染源的排放特征、对水质的影响、减排技术、每单位减排成本及对水质改善的贡献等。对这些信息的掌握确实是个庞大的系统工程，而且信息获取的成本也应当记入政策的成本中。

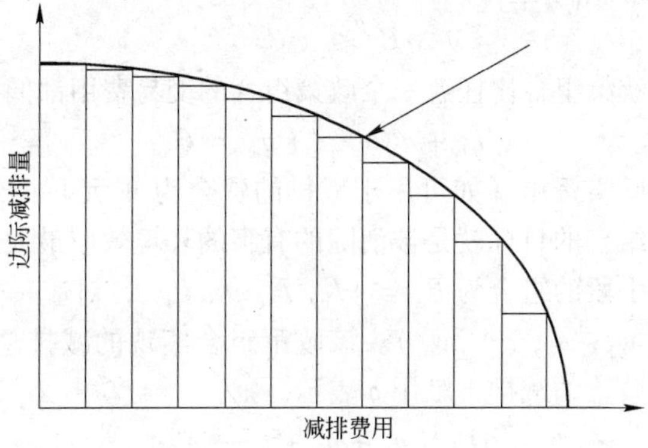

图 4-5 政策优先性排序示意图

4.1.5 政策手段的组合

本节主要从政策效率的角度论述政策手段组合的理论范式。根据本书建立的环境政策设计框架，政策手段的选择是具有一定的技术指导含义的，也就是说，一种有效的政策手段对应着一种或一组技术，该技术能够以最低的成本实现政策手段的目标。在一个具体的环境外部性问题中，政策手段的优先性也是依据边际成本成本最低的原则排列，所有政策手段组合起来实现政策的总体目标（如某污染物的减排量），这个组合应该是所有组合中成本最低的。

假定有 n 种可选的政策手段，那么所有的政策组合的个数应当为：

$$C_n^1 + C_n^2 + \cdots + C_n^n$$

在给定政策目标（如主要污染物减排 Q 吨）的情况下，最优政策手段组合的目标就是实现 Q 吨减排的总交易费用最小，假设最优的政策组合为 $P_k = (I_1, I_2, \cdots, I_m)$，对应一个减排量的组合（$q_1$，$q_2$，$\cdots$，$q_m$），即各项政策手段对应一个最优减排量。

该政策组合的交易费用用 C_k 表示，各单项政策的费用用 c 表示，则：

$$C_k = c_1 + c_2 + \cdots + c_m$$

则该组合须满足：

$$C_k \leqslant \forall C_i$$

即第 k 政策组合比任意一个政策组合的交易费用都低；

且 $$q_1 + q_2 + \cdots + q_m = Q$$

在给定政策资源（如可用于减排的资金为 W 元）的情况下，最优政策手段组合的目标就是被消除的有害的环境效应最大化，仍然假设最优政策手段的组合为 $P_k = (I_1, I_2, \cdots, I_m)$，对应一个政策资源分配组合（$w_1, w_2, \cdots, w_m$）。该政策组合实现的减排总量用 Q_k 表示，各单项政策的减排贡献用 q 表示，则：

$$Q_k = q_1 + q_2 + \cdots + q_m$$

该政策组合须满足：

$$Q_k \geqslant \forall Q_i$$

即第 k 政策组合比任意一个政策组合实现的减排量都高；

且 $$w_1 + w_2 + \cdots + w_m = W$$

除了普遍的效率和公平两个基本准则外，环境政策手段的主要评判标准就是政策的确定性，确定性主要表现为政策目标被实现的可控性，包括政策强制的程度和见效的时间长短（宋国君，2008）。根据较为通行的环境政策手段分类，通常有命令控制、经济刺激、劝说教育三类环境政策手段。一般来说，命令控制手段的确定性最强，但是前提是要对政策规制的对象进行有力的监管，因此，监管费用是决定命令控制手段的关键。经济刺激手段灵活性较好，对于监管的要求不高，但确定性不如命令控制手段强，需要有完善的市场和较完备的信息，要提高经济刺激型政策的确定性，交易费用将主要发生在市场完善或创建方面。

总体而言，环境效应越大说明问题越严重，越急迫地需要解决，因此对于外部效应大的环境问题，确定性是首要的，但是要根据关系的复杂程度在确定性和交易费用之间寻找一个均衡，这实际上也是在命令控制手段和经济刺激手段之间寻找一个均衡。外部关系越复杂，说明涉及的主体越多，外部性的“集中度”越小，监管的难度和费用越大，此时可能需要较多地倚重经济手段。相反，如果外部关系简单的话，监管的费用相对较低，而创建市场的费用可能会由于参与交易的主体太少而过高，因此，应该较多地倚重命令控制手段。

综上所述，结合本书2.2节对环境外部性的初步分类（四类外部性分别为：效应大/关系简单、效应大/关系复杂、效应小/关系简单、效应小/关系复杂），各类外部性所适合的环境政策类型大致如表4-3所示。

表4-3 各类外部性适宜的政策手段类别

	命令控制	经济刺激	劝说教育
效应大/关系简单	* * * *	* *	
效应大/关系复杂	* *	* * *	*
效应小/关系简单	*	* * *	* *
效应小/关系复杂	*	*	* * * *

注：*号越多表示对应的政策手段在该类外部性问题中所占的分量越重，但这里也只是一个大致的划分。

4.2 流域水污染防治政策的目标

根据本书的观点，环境政策的首要目标是消除环境效应，其次是内化外部关系。考察流域水污染防治政策，需要把它放进流域综合水环境保护的框架中去。流域水环境保护的最终目标是水体的健康，水污染防治政策是水环境保护最为核心的部分，其基本目标就是控制污染物的排放量，减少污染源外部性的输出。本书虽然是主要从理论出发的政策设计，但大部分时候并不主张激进式的“破旧立新”，而是主张在现有的政策基础上进行完善和改进。

首先，对于可监测的点源，基本目标是确保所有污染源的达标排放。理想状况下，污染物排放标准是基于一定技术经济水平下的合理排放规模，也就是说，这种规模的外部性输出是现有技术经济水平下有效的，过于严格的排放标准可能会导致达标成本太高。尽管从现有的统计数据来看，我国的工业污染排放达标率在逐年上升，在工业废水方面，达标排放率基本在90%以上，未达标排放的工业废水总量也在逐年减少，如图4-6所示。但是进一步分析我国的污染源监测方案就会发现，所谓的达标，都只是“初步达标”（宋国君，2001；张维斌，2005）。初步达标排放是指污染源按规定安装了处理设施并经监测达到了设计要求，即污染源具备了污染控制的能力。统计数据所反映的“达标率”更多反映的是设备安装率，但是对于排放而言，设备的运行才是实质性的，而现有的监管无法对设备的运行状况进行监测。即使在有些地方安装了连续监测设备，但是连续监测设备所产生的数据完整性很低，且根据有效数据所反映出来的情况，企业的达标率远低于全国的统计水平❶。因此，对于可监测的点源，基本目标是全面达标排放，或者说较高比例的连续达标，如80%的时间。而实现污染源的全面达标排放则依赖于一系列有力的政策手段保障，如排污许可证制度。

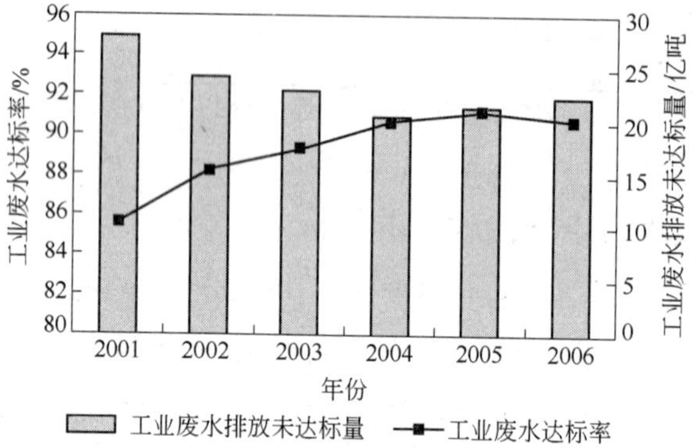

图 4-6　全国工业废水排放未达标量和达标率

其次是实现水体的水质目标。在实现点源的全面达标排放后，

---

❶ 本书作者调研过W市的连续监测数据情况，获得了该市15个主要排污企业和7个城市污水处理厂2007年1月1日至2007年8月14日的水污染物排放连续数据。根据对数据的分析，全市数据的完整性仅为27.7%，分析对数据的完整的定义只有一个基本条件：污染物浓度和水量数据不能为零。所有的连续监测数据满足这个条件的比例仅为27.7%。进而重点对7个城市污水处理厂的“完整”数据进行了分析，发现按照该市当时所实行的一级B标准，污水处理厂出水达标率基本在50%上下，个别污水处理厂的部分月份出水达标率仅有3.2%。这些调研结果成为本书对于现有连续监测方案质疑的依据。

表明各外部性输出主体在政策允许范围内已经实现了现有技术经济水平下的有效排放，也就是说外部效应的规模基本得到了有效的控制。进一步的目标就是实现水体的水质目标，采取的政策措施一方面是随着技术经济的发展更新排放标准，并完善相关的政策保障措施；另一方面则可以适当加强对其他污染源（如农业非点源）的控制，以及水体内源清理、水量管理等。最后实现水体功能的全面恢复。

根据前文的论述，确定具体的政策目标要做的两项前期工作就是进行广泛的干系人调查和费用效益分析，进而通过相关的政治程序，确定政策目标。本书显然不准备对政策目标给出非常具体、定量化的建议，主要给出大体原则和方向性的建议。

4.3 管理体制设计

流域水污染总体上属于“多对多、方向复杂、跨区域、代内外部性”，根据外部性理论，管理体制主要由外部性的范围决定。中央和地方之间事权的划分是本书中管理体制设计的主要内容。

流域水污染问题属于跨省外部性问题，从本书第3章中环境管理体制设置的原则来看，跨省的外部性问题应当主要由中央政府来主导。一方面，中央政府在水资源的利用上具有较低的贴现率，相对于地方政府而言，中央政府并不急于将水资源转化为“肮脏的”经济增长；另一方面，由于外部性的存在，地方政府或单个部门都具有“制造”信息不对称的动机，这从已有的研究中已经得到证实。而流域水污染问题若被归到中央政府的层次，外部关系则已经被内化，中央政府所要做的就是消除环境效应，没有明显的利益倾向，没有制造信息不对称的动机。正如前文所说的，跨省的外部性通常也会带有跨低级行政区的性质，因此，在流域的跨省外部性中必然也包含跨市、跨县的外部性问题，这些外部性问题应当主要由相应的省、市级别的管理机构来解决。

根据本书前文关于“三级两层”式管理体制的论述，我国的流域水污染防治管理体制的基本设置可参考表4-4。

表 4-4 流域水污染防治管理体制基本设置

三 级	两 层	基本职能	领导方式
国家	环保部流域分局	作为环保部的派出机构，驻扎在流域所辖地区，直接管理流域内跨省的外部性问题	国家环保部直管
省	各省环保局	统管全省一般环境保护事务	省政府领导
	省分局	驻扎在本省所辖流域地区，在跨市的外部性问题上直接行使省局的权力	省局直管
市	各市环保局	主要履行政策实施职能，基础信息收集、发布	市政府领导
	市分局/县局	视情况而定，可以由县局代替	市局直管

根据表中所设置的“三级两层”的水环境管理体制，在具体的区域中可能会出现一个地方有多级环保局的现象，最多时可能三级同时都有。例如，在蚌埠市，可能既有国家环境保护部派出的淮河流域分局，又有安徽省派出的省分局，还有蚌埠市环保局。这样看上去似乎会显得机构臃肿、重叠，但是，只要各级机构之间的分工明确，且按照各级机构实际负责事务的多少合理配备人员和资金，带来的效益可能远大于增加的行政成本。另外，分局设置的具体形式也是可以灵活探讨的，跨界外部性问题较多、影响严重的话应当设置独立完整的机构，如果问题不多，或者随着问题的解决，可以不设置完整的独立机构，仅在当地环保局的基础上增加相应的派出人员，这部分人员的人事、经费等关系直接受控于国家或省级环保部门。

4.4 政策的优先领域

本书无力对所有的污染源逐个进行排序，并且本书的立场并不是抛开所有已有的环境政策，而是主要在现有政策的基础上进行完善和提高。因此，政策的规制对象仍然主要是工业点源和城镇生活污水，农业面源也将是本书关注的一方面。遵循本书第 3 章提出的环境政策设计基本框架，接下来将总体问题按照污染源类别进行分解，第一个层次的分解可以划分为工业点源、农业面源、城市生活污水；第二个层次可以对上述大类污染源继续划分，例如按照产业类型将工业点源划分成造纸、钢铁、食品等类型，按照污染来源将农业面源划分农民生活、农药化肥施用、农膜废弃等类型。本章作为实证研究的总体部分，主要在第一个层次的划分上对其外部性属性进行识别和判断，更为具体的将在后面的章节分别阐述。

4.4.1 工业点源

工业点源是目前污染控制政策的主要控制对象，在分类、监测、统计等方面相对其他类型的污染源而言也相对完善和成熟，这也有助于对工业点源的进一步划分。以淮河流域为例，根据统计数据，对淮河流域工业污染贡献最大的主要是4类行业的企业，分别为造纸业、饮料制造业、化工制造业、食品制造业。4个重污染行业对淮河的COD贡献率为72.1%，氨氮贡献率为84.1%，经济贡献率为19.4%，见表4-5。

表4-5 淮河流域重污染行业经济和污染贡献率（2004年）

行　业	COD贡献率	氨氮贡献率	经济贡献率
造纸业	44.7	3.7	4.5
化工制造业	15.4	69.4	9.1
食品制造业	5.6	10.0	3.0
饮料制造业	6.3	1.0	2.9
合　计	72.1	84.1	19.4

数据来源：《中国环境统计年报2004》，第19页。

理论上讲，企业废水应当在企业内部进行一定程度的处理，达到排放标准后排放。排放标准实际上就是政策所允许的外部性溢出限值。理想情况下，排放标准是基于技术水平制定的一个合理的外部性输出量，并且应当随着技术的进步不断更新，如果标准合理且企业都能够达标排放，排放量应当逐年下降，环境质量将趋于好转。但现实证明，我国的达标排放政策并没有控制住污染物的排放，有相当大部分的企业存在超标甚至偷排的现象，它们的外部性输出超出了政策所允许的范围。

工业点源的外部性施体是工业企业，外部性的受体则主要是当地和下游沿岸居民、渔民，也包括当地和下游沿岸的其他企业。从外部性的主体也可以初步判断外部性的方向，大部分企业既是自身排放废水所造成外部性的施体，也是其他企业排放废水造成的外部性的受体，普通居民没有工业废水的排出，他们的生活污水外部性将在其他地方分析。图 4-7 为工业点源外部性方向的简单示意图：自左向右为河流的上下游，上游企业（企业 1）排出的污水影响下游企业（企业 2，企业 3）的用水，相近位置的企业互相影响，企业排出的废水影响沿岸居民的生活饮水。现实中的外部关系远比图中表示的要复杂，企业的数量巨大，排污口的设置复杂，沿岸居民的数量也很多。影响的范围不仅为当地（以市为基本单元），而且跨市甚至跨省，环境效应的大小主要以分析单元的排放量来计，分析单元为企业、市、省。

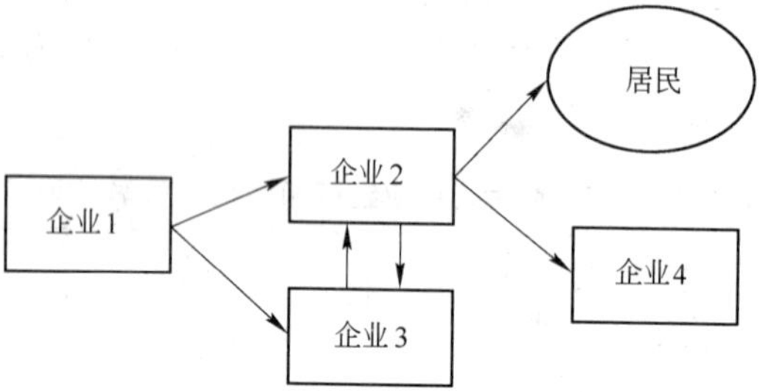

图 4-7 工业点源污染外部性主体、方向示意图

4.4.2 城镇污水

根据《城镇污水处理厂污染物排放标准》（GB 18918—2002）的定义，城镇生活污水指机关、学校、医院、商业服务机构及各种公共设施排水，以及允许排入城镇污水收集系统的工业废水和初期雨水等。由此可见，所谓的城镇生活污水中还包含一部分工业废水，但主要是生活污水。城镇生活污水的排放途径可以分成两类：一类是城镇居民的生活污水直接排入水体；另一类是生活污水先通过城市管网进入城镇污水处理厂，经处理到一定标准后由污水处理厂排入水体。

目前我国城镇生活污水处理的出水遵循《城镇污水处理厂出水

污染物排放标准》（GB 18918—2002），大部分污水处理厂的出水实行的是一级 B 标准，部分发达地区已经实现或正在力争达到一级 A 标准。城镇居民通过缴纳一定的污水处理费实现了一定程度的内部化。尽管如此，由于污水处理厂的运营和管理还存在一定问题，出水的水质不能连续达标，而且污水的排放量巨大，对天然水体造成了很大的影响。以淮河流域为例，随着对工业污染源控制力度的加大和手段的完善，生活污水排放的污染物所占的比例越来越大，生活污水中部分主要污染物（如 COD、氨氮）的排放已经超过工业排放，见表 4-6。

表 4-6　淮河流域 COD 排放变化趋势

年　份	COD 排放量/万吨	工业 COD 排放		生活 COD 排放	
		排放量/万吨	所占比例/%	排放量/万吨	所占比例/%
1993	188	160	85	28	15
1997	92	47	51	45	49
2000	94	36	38	58	62
2005	104.2	38.6	47	65.6	63

数据来源：《淮河流域水污染防治“十五”计划》、《淮河流域水资源公报（2005）》。

城镇生活污水的外部性施体主要是城镇居民（也有部分企业排放工业废水），受体是下游取水的居民、渔民和企业。图 4-8 为城镇生活污水外部性示意图，部分家庭的生活污水通过城市污水管网进入污水处理厂，正常情况下，这些污水经过处理达到一定标准后集中排入水体。另有部分家庭并没有在管网覆盖的范围，其排放的污水直接进入水体。但是在我国大部分城市，由于缺乏雨污分流系统，当发生降雨时，部分雨水也进入城市污水处理厂，导致水量骤然增加，进水量超过负荷，以致不能正常运行甚至停止运行，连带着生活污水直接被放入天然水体。城镇污水的外部性属性可以做两类区分：连入城市污水处理管网的部分，住户缴纳一定的污水处理费，在一定程度上实现了外部关系的内化，污水处理厂接受处理费并承担消除相应环境影响的任务，达标排放后输出法定允许的外部效应；未连入城市污水管网的，以及由于降雨而导致的地表径流，其外部效应施体的性质与农业面源相似，高度分散，且呈现无组织状态。

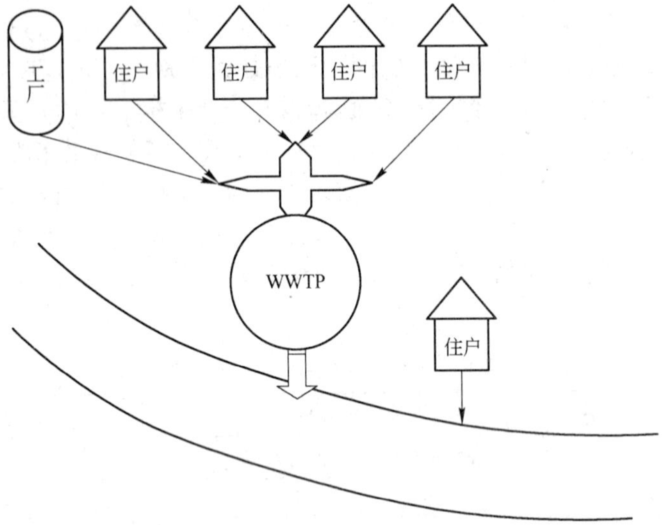

图 4-8 城镇污水外部性主体、方向示意图

4.4.3 农业面源

在对农村污染的概念使用上，通常会有农村面源污染和农业面源污染两种表述，由于内容和表述都非常相近，两者容易造成混淆。实际上两个概念是分别从产业和地域的角度划分的。农业面源主要强调的是由于农业生产活动造成的污染，农村面源强调的是污染发生在农村地区。因此通常农村地区乡镇企业的污染不被划分在农业面源的范畴，它的污染应当主要按照工业源进行管理。另外，农村一定规模以上的畜禽养殖已经具有了点源的排放特性，但是这部分污染源目前尚未进入点源的控制范畴。本书仍然将其列入农业面源的范畴，因此本书中农业面源污染包括三类污染源：农业生产中化肥、农药等投入所造成的水污染；人畜粪尿造成的水污染；农民日常生活造成的水污染。

农业面源污染对于水污染物入河量的贡献已经随着工业点源控制力度的加大逐步变得重要。根据宋国君、金书秦（2008）的估算，淮河流域农业面源排放量可能占据主要污染物（COD、氨氮）入河总量的70%，因此农业面源已经成为流域污染治理不可忽视的方面。根据其他的研究，农业面源对“三湖”（巢湖、滇池、太湖）总氮、总磷排放量的贡献分别为60%～70%、50%～60%（李远、王晓霞，2005）。农业面源污染主要来自农药、化肥的过度使用、农膜的废弃。我国农业面源长期受到忽视，农业面源控制面临双重困境：农业发展政策在污染治理方面的制度失灵，以及环境保护政策在农村区域的政策缺失（金书秦、魏珣、王军霞，2010）。

4.5 政策手段

本书识别的三大类污染源基本都是“效应大/关系复杂”的外部性，但是它们之间也有较大区别。首先，目前来讲，工业点源和城镇生活污水的环境效应大于农业面源，因为前两者是集中、持续地排入水体，而后者是分散且主要在丰水期才大量进入水体。其次，在外部关系的复杂性方面，农业面源最为分散，工业点源次之，城镇生活污水则更为集中地进入城镇污水处理厂（主要考虑进入集中处理设施的污水，未进入集中处理设施的污水与农业面源基本无异），因此三者的外部效应的“集中度”从高到低依次为：城镇生活污水、工业点源、农业面源。

根据评判环境政策手段的确定性标准，命令控制型手段的确定性最高，其次是经济手段，再次是劝说教育手段。从以最小成本追求政策效果确定性的角度出发，集中度越高意味着监管的对象越少，监管成本越低。因此集中度高的外部性问题可以较多使用命令控制手段，集中度较低的外部性可以较多使用经济刺激手段，集中度很低的外部性问题较多使用劝说教育手段。因此，城镇生活污水的管理主要依靠命令控制手段，这里的命令控制手段可以理解为计划手段，例如中央政府直接出资建设污水处理厂也属于此类，制定污水处理厂出水标准等；经济刺激和劝说教育手段作为辅助，例如给运行状况良好的污水处理厂颁发奖金和奖牌等。对于工业点源，应当主要使用经济刺激手段，但是限于市场尚不完善，命令控制的分量仍然占据一定的比例。对于农业面源，它的排放主体农民在环境保护领域是一个较为特别的群体，他们的承受能力很低，让他们承担治理成本的相对交易费用很大，命令控制手段对于他们而言无异于雪上加霜，且由于主体分散，监管的费用相当高，应当主要依靠正面的经济刺激和劝说教育，鼓励他们的环境友好行为。三类污染源对应的政策手段组合初步设计见表4-7。

表4-7 三类污染源的政策手段类型组合

	命令控制（计划）	经济刺激	劝说教育
城镇生活污水	* * * *	*	*
工业点源	* *	* * *	*
农业面源	*	* * *	* *

注：*的多少表明某类政策手段所占的比重大小，但是这里只是一个定性的指导性框架。

此外，根据环境政策控制的环节和所使用的工艺、技术角度来看，还可以分为预防型和末端治理型两类。我国的环境保护工作把“预防为主”作为重要原则之一，本书认为，真正的预防型政策并不单纯是环境政策，更多的可能是产业政策，甚至是国家整体发展战略的选择，因此，从观念的改变到现实条件的具备都是一个较长的过程，我国也在朝这个方向不懈努力。但是就目前的状况而言，末端治理手段仍然占据着重要的作用。对于城镇生活污水而言，主要依靠污水处理厂的末端治理，预防型政策作为辅助（如鼓励居民节水、少用洗涤用品等）。对于工业点源，预防型和末端治理型手段要并重，既要鼓励企业在生产过程中提高工艺减少排放，也要使其加强水污染的治理。对于农业面源，由于集中处理难度较大，应当主要使用预防型政策，在前端就减少污染物的产生（如鼓励农民少用化肥和农药），见表4-8。

表4-8 三类污染源对应的治理手段

	预防型	末端治理型
城镇生活污水	* *	* * * *
工业点源	* * *	* * *
农业面源	* * * *	* *

综上，外部性的集中度概念在政策手段的选择上又体现出了其作用，总体而言，集中度高的外部性问题，可以较多采用命令控制和末端治理手段；随着集中度的降低，则多采取经济刺激和预防型手段。本节对于政策手段的论述只到政策手段的类型组合，具体的政策工具选择将在第 5、6、7 各章分别展开。

5 流域工业污染源排放控制政策设计

本章是本书理论部分所建立的环境政策设计基本框架在工业点源排放控制方面的应用，主要关注排向天然水体的污染源，不包括进入城镇污水处理厂的污染源。本章将按照上文提出的政策设计框架，对工业污染源排放的外部性属性进行识别、对控制政策的目标（主要为定性描述）、管理体制、控制的优先领域、政策手段进行初步设计。

5.1 现状分析和问题识别

5.1.1 现有政策分析

我国目前的水污染防治政策几乎都是针对工业污染源的，有一些是专门针对水污染的，如《水污染防治法》，有一些是综合的，同时针对工业生产中的水、气、声、渣等污染问题，如排污收费、环评等。从政策的位阶来看，在国家层次可以分为法律、法规、部门规章，有时候也包含环境标准，另外还有地方性法规。表 5-1 列出了国家层次上的水污染防治相关政策。其中《环境保护法》（1989）是我国环境保护的基本法，为所有环境管理和政策提供宏观的法律依据。《水污染防治法》是针对水污染问题的专项法，是对《环境保护法》中关于水污染防治内容的具体化，也是指导水污染防治工作的核心依据，三同时、总量控制、排污许可证、排污收费等政策手段在水污染防治方面的作用在该法中得以明确。其他的各类条例、细则、办法是对法律规定的进一步解释和细化。

表 5-1 中国水污染防治政策体系

	政策名称	颁布机关	实施机构
法律	环境保护法（1989）	全国人大常委会	各级环境保护主管部门
	水污染防治法（2008）	全国人大常委会	各级环境保护主管部门
	环境影响评价法（2002）	全国人大常委会	各级环境保护主管部门
行政法规	排污费征收使用管理条例（2003）	国务院	各级环境保护主管部门
	水污染防治法实施细则（2000）	国务院	各级环境保护主管部门
	淮河流域水污染防治暂行条例（1995）	国务院	各级环境保护主管部门
	规划环境影响评价条例（2009）	国务院	各级环境保护主管部门
部门规章	洗染业管理办法（2006）	商务部、国家工商行政管理总局、环保部	商务部门、工商行政管理部门、各级环境保护主管部门
	环境监测质量管理规定（2006）	环保部	各级环境保护主管部门
	入河排污口监督管理办法（2005）	国务院	水利部门
	排污费资金收缴使用管理办法（2003）	财政部、环保部	财政部门、各级环境保护主管部门
	排污费征收标准管理办法（2003）	国家发改委、财政部、环保部	各级环境保护主管部门
	建设项目环境影响评价文件分级审批规定（2002）	环保部	各级环境保护主管部门
	淮河和太湖流域排放重点水污染物许可证管理办法（试行）（2001）	环保部	各级环境保护主管部门
	畜禽养殖污染防治管理办法（2001）	环保部	各级环境保护主管部门
	污染源监测管理办法（1999）	环保部	各级环境保护主管部门
	环境标准管理办法（1999）	环保部	各级环境保护主管部门
	渔业水域污染事故调查处理程序规定（1997）	环保部	渔政渔港监督管理局
	环境统计管理办法（2006）	环保部	各级环境保护主管部门
	排放污染物申报登记管理规定（1992）	环保部	县级以上环境保护主管部门
	饮用水水源保护区污染防治管理规定（1989）	环保部、卫生部、建设部、水利部、国土资源部	各级环境保护主管部门
	环境监测管理办法（2007）	环保部	各级环境保护主管部门

以上主要是根据政策的权威性对水污染防治政策进行了归纳，这些法律、法规文本的实施都必须以具体的环境政策手段为载体，如俗

称的“八项制度”。这些政策手段或制度大部分都是综合性的，不是专门针对水污染，同时也针对其他环境介质的污染问题。下文仅选取较为重要的几项政策，并就其有关水污染防治方面进行简要分析。

（1）环境影响评价制度和“三同时”制度。这两项制度为预防性政策手段，主要针对新建、改建、扩建项目的环境影响情况进行评估，对新、改、扩、建项目的环境保护措施进行评价、检查和验收，例如新建企业的水污染物排放情况、对附近水体水质的影响、相应的污水处理设施的设计、施工和投产情况等。其目标是让企业或工程项目在建设时就具备相应的污染治理能力，以减轻和防止其对环境的破坏。根据规定，未能通过环评和“三同时”验收的项目不能进入试生产。根据环境统计数据，我国近年来，项目环评率接近 100%，“三同时”执行合格率为 91.3%（2006 年）。

（2）排污申报制度。排污申报制度的目标是要求规模以上排污单位向政府申报能够充分证明其排放状况的数据和资料，排污申报是环境统计的基础。一般工业企业填写《全国排放污染物申报登记统计表（试行）》，填报的内容包括污染治理设施情况、污水及污染物排放情况等。环保部门对排污申报的审核主要是用物料核算对申报数据进行审核，但是目前尚没有申报登记的审核技术规范。

（3）总量控制和排污许可证制度。《水污染防治法》中规定“国家对重点水污染物排放实施总量控制制度”，在细则中又进一步规定总量控制的区域、数量和时限。应当说，总量控制更像一项目标或一种管理思路，而不是一个单纯的政策手段，其主要依据是水环境容量的核算，目前的做法是将主要污染物（如 COD）的排放指标逐级分解。总量目标的实现还需要依靠其他环境政策的执行，排污许可证就是最为直接的政策手段。排污许可证不仅对企业提出排污总量方面的要求，还提出排放浓度、排放速率、排放去向等要求。但是，我国的排污许可证制度尚不完善，远没有起到它应有的作用。

（4）排污收费制度。排污收费沿用的是“庇古税”的思想，目标是通过对排污行为征收一定的费用，促使企业减少其污染物的排放。但是在实施中，由于征收的费率偏低，使得该项政策在外部性内部化方面的作用有限。以 SO_2 为例，目前的收费标准为每污染当量

0.6元，约合每吨630元，但是实际上每吨SO_2的治理成本在2000元以上（刘萍，2006）。尽管如此，排污收费仍然被认为是所有环境政策中对污染减排作用最显著的政策，其作用弹性达到40%（李永友、沈坤荣，2008）。其他政策手段的作用也可见一斑。

5.1.2 全国工业污染排放控制现状

表5-2为近年来工业废水排放及处理、COD和氨氮排放及去除情况，统计数据似乎显示出一种乐观的趋势：废水和污染物的排放量逐年减少；工业废水排放达标率稳步提高，且在90%以上。

表5-2 全国工业废水及主要污染物排放、去除状况

年份	工业废水排放总量/亿吨	工业废水排放达标率/%	工业COD排放总量/万吨	工业COD去除量/万吨	工业氨氮排放量/万吨	工业氨氮去除量/万吨
2004	221.1	90.7	509.7	1043.9	42.2	46.6
2005	243.1	91.2	554.7	1088.3	52.5	48.3
2006	240.2	90.7	541.5	1099.3	42.5	55.3
2007	246.6	91.7	511.1	1265.4	34.1	51.8
2008	241.7	92.4	457.6		29.7	

数据来源：2004~2007年数据来自历年《中国环境统计年鉴》，2008年数据来自《全国环境统计公报（2008）》。

数据似乎说明工业污染源已经得到较好的控制，然而，事实却未必如此。首先，根据近年来公布的《环境质量状况公报》来看，全国总体水质没有得到明显的改善，七大水系（长江、黄河、珠江、松花江、淮河、海河和辽河）常年为中度污染，重点湖泊（太湖、滇池、巢湖）富营养化问题严重。水质没有得到改善，就不能说排放控制取得了成功。

当然，水质没有得到明显改善也有可能是在工业污染源排放得到有效控制的情况下，主要由非点源产生的污染物大量进入水体导致的。这似乎是一个很说得过去的推断。但是本人参与的“国家水体污染控制重大科技专项”在淮河流域实施的一项调查所显示的部分结果可以对以上把“水质未得到改善主要归咎于非点源”的推断提出较强的质疑。该项调查以问卷的形式对河南省沿淮河流域的887个农户进行了访问，调查得出了一些初看上去略显“荒谬”的结论：在某些地区，紧邻的两个调查点，河流没有明显的交汇、分流情况，上、下游农户对水质的评价截然不同，且与通常的“上游好、下游差”的逻辑相反，处于相对上游的农户认为当地的水质很差（平均得分低于1分，基本为不可用的污水），而处于其紧邻的下游的农户对水质的打分却超过3分（可进行水产养殖）❶。于是作者对这些调查点进行了进一步的分析，发现出现这种情况的时候，两个调查点之间正好设置有水闸，因此推断上游水质差、下游水质好的原因就在水闸上：在通常情况下，水闸将上游的污染物“储存”起来，遇到下雨、水量变大的时候再开闸将污水放下，这些被储存的污染物基本都是工业排放。这个推断从另外一道题的回答得到了一定的印证：在被问到河水是否有突然变脏的情况时，有42.9%的受访人回答“是”。该问题的设置正是为了核实上游蓄污、企业偷排等现象。

其次，我国的环境统计水平低下，无法证明排放得到控制。具体表现在企业申报的数据不实，而环保部门又缺乏有效的数据核查机制，仅能根据企业上报的数据进行核查，自身的监测能力不足，通常一年只能对企业抽测一次，根本无法掌握企业的实际排放状况。而地方政府与当地企业之间紧密的经济利益关系，更使得环境统计中广泛存在人为因素的干扰。根据全国政协委员王玉庆在2010年两会期间的介绍，全国污染普查计算的2008年污染物排放量比2007年的统计量多出119%（文雯，2010），可见环境统计实际上是“抓小放大”。

总之，我国目前工业污染控制仍然处于初步达标阶段，也就是说污染源基本按规定安装了处理设施并经监测达到了设计要求，即污染源具备了污染控制的能力。但这并不代表所具有的污染控制能力被有效使用，实现了连续达标排放。连续达标排放是指污染源的排放一直符合排放标准，或者说，即使监测的频率很高，污染物排放也不超过排放标准（宋国君，2001）。我国现行的所有主流污染防治政策，几乎

❶ 本项调查中关于水质的分数对应水质的用途，得分越高，水体的使用功能越好。5、4、3、2、1、0分分别对应：可直接饮用、可游泳、可水产养殖、工业用水、农业用水、不能用的污水。

都是针对工业污染排放，但是从改善水环境质量来看，这些政策是“整体失效”的，工业点源排放在相当一段时期内仍将是控制的重点。

5.1.3 存在的主要问题

尽管从统计数据来看，国家的“减排”政策实施以来，主要水污染物（COD）的排放总量自2007年开始下降，并且这个良好的趋势已经延续到现在。但是，总体而言，我国的工业污染源仍然没有得到有效的控制，至少目前尚没有对河流水质的改善作出显著的贡献。从近年来实施的一系列政策措施来看，我国中央政府对于工业污染控制的决心是不容置疑的，而且在将来会更加坚定地持续下去。那么，问题出现在哪里呢？我们不妨把目光转向地方政府。

中国水污染防治中最为根本的问题就是经济发展作为地方政府的指挥棒，地方政府与排污企业在谋取经济增长上有共同利益，它们往往以“合谋”的方式“对付”中央政府的环境保护意志。中国的行政管理体制将政府划分为：中央、省、地级市、县/县级市、乡/镇、村6个层次，进一步简化可粗分为：中央、省、县3个层次。其中县是最为基础的经济单元，县掌握着最直接的经济实权，除了货币政策、外汇管制等政策外，所有的经济政策都必须在县层次得到落实。省、中央实际上都不是实体的经济单元。因此，中国的经济实际上是由县域经济组成的庞大体系。县实际上就是一个大型的企业，它们之间的竞争程度丝毫不亚于企业之间的竞争❶。

这里不妨稍微讨论一下中国的税制体系：自1994年开始，所有的工业投资者需要缴纳17%的增值税，其中四分之一（即4.25%）归县所有。土地的使用权更是直接由县政府掌握，土地出让金的75%归县所得，其余归上级政府所有。通过这种分成机制，作为中国政治和经济最基本单元的县政府实际上已经被内化到经济发展的利益链条中，它们与当地企业俨然是利益共同体。这就不难解释为什么在

---

❶ 张五常教授在其号称“收山之作”的《中国的经济制度》中对于中国县域经济的竞争以及县级政府的“分成”机制进行了精彩和透彻的分析。中英文合订本已于2009年11月由中信出版社出版。

许多涉及到环境保护的问题上地方政府与企业会“合谋”，中央下来的政策在地方具体执行时往往五花八门，甚至被歪曲。

为了获得投资，较低的环境保护准入门槛成为部分地方政府招商引资的“杀手锏”。这不仅是地方政府领导人环保意识高低的问题，更是因为环境保护相比创造就业机会、促进经济增长等政绩而言，具有更明显的外部性特征。尽管从长远来看那些不清洁的投资所带动的发展是不可持续的，但是至少在眼前看来大部分被污染的地表水都会流向下游，而他们同样也遭受着来自上游的水污染问题，那些短期内看得见、摸得着的经济利益却是本地区所独得的。因此，工业污染源排放控制面临的首要问题就是地方政府与企业的“合谋”，这也是地方保护主义的症结所在，突出表现在诸多针对工业污染源的环境政策没有有力地被执行。部分企业对于地方的就业、税收、经济增长举足轻重，企业利用其巨大的经济影响获得地方政府的特殊关照。而地方环保局无论在人事还是财权都由地方人民政府掌握，服从地方经济发展似乎是地方环保局的基本职责，因此在执行环境政策时也大打折扣，例如排污收费在实施中普遍存在“协议收费”、“人情收费”现象（李杰、杨文选，2009），这实际上就是环境保护向地方经济妥协的后果。如表5-3所示，作者根据排污费的征收标准，按照污染物的排放量推算当年应收排污费数额，仅 SO_2 和 COD 两项应收的排污费就远高于实际征收额，两年的征收率基本都为60%左右。这只是较为保守的估计，如果考虑超标双倍收费、多因子收费计算，实际的排污费征收率可能更低。

表5-3 2004年、2005年排污费征收情况

年份	污染物	工业产生量/万吨	应收排污费/亿元	应征收总额/亿元	实际征收额/亿元	征收率/%
2004	SO_2	1891.4	119.5	155.2	94.2	60.7
	COD	509.7	35.7			
2005	SO_2	2549.3	161.0	199.8	123.2	61.7
	COD	554.8	38.8			

数据来自：《中国环境年鉴》。

地方政府与企业的合谋还体现在排放信息的申报方面，而中央政府却又缺乏有效的信息核查机制，这使得这种合谋得以持续。目前的环境统计主要基于企业的排污申报，辅以环保部门的抽测。另外，水利部门在部分入河口也设有监测站点，用以监测污染物的入河量。但是，无论是环保部门还是水利部门，监测的频率都非常低，数据并不具有代表性。而且，两个部门之间的监测缺乏协调、各自为政，使得本来就有限的监测资源没有得到有效的利用。以淮河流域吴家渡断面为例来说明目前排污申报、入河量监测、环境统计等数据质量。吴家渡断面位于淮河流域蚌埠段，是淮滨和阜阳两市出水的交界下游，其位置如图 5-1 所示。

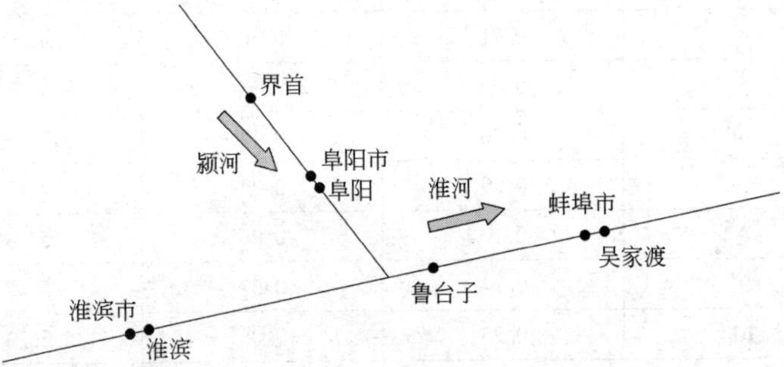

图 5-1 蚌埠吴家渡断面位置示意图

该断面附近为蚌埠市第三自来水厂的水源地，环保部门、水利部门在该断面均设有监测点，监测频率为每月一次，第三自来水厂也每天按照不低于每小时一次的频率进行水质监测。在“监测频率越高，数据质量越好”的假定下，自来水厂的监测数据无疑是最准确的，每天不少于 24 条数据，每月不少于 720 条数据，而两个官方部门每月只分别有一条数据。因此，首先用自来水厂数据分析一下氨氮浓度的波动状况，如表 5-4 所示。用监测数据的标准差与平均值的比值来表示氨氮浓度的波动情况，波动幅度越大表明水质越不稳定，单次监测的代表性也就越差。从表中可以看出，σ/E 大多在 50% 左右，最大时超过 140%[1]。这表明氨氮浓度非常不稳定，环保和水利部门一

[1] 更为详细的比较见：宋国君等著. 中国淮河流域水环境保护政策评估. 北京：中国人民大学出版社，2007.

个月只测一次的数据几乎不具有代表性，环保部门的监测能力根本无法对企业的申报信息进行有效的核查。

表 5-4 自来水厂 2003 年氨氮浓度波动幅度

月份＼项目	月均值 E/(mg/L)	标准差 σ /(mg/L)	(σ /E)/%
1	1.24	0.35	28.2
2	1.83	0.83	45.3
3	1.24	0.56	45.4
4	0.71	0.30	42.4
5	0.40	0.18	45.1
6	0.16	0.19	121.9
7	0.19	0.27	141.7
8	0.10	0.06	57.8
9	0.14	0.07	50.7
10	0.25	0.06	26.3
11	0.54	0.35	64.1
12	1.10	0.35	31.4

注：这是作者 2007 年参与的一项研究，由于自来水厂的监测数据并不对外公布，因此只有当时获得的 2003 年数据。

另一方面，根据自来水厂对吴家渡断面监测的流量和浓度数据可以计算该断面污染物的年通量，吴家渡断面位于蚌埠市下游，正常情况下，吴家渡断面的污染物年通量应当与蚌埠断面以上的年排放量数据接近。但是结果显示，在被核算的大部分年份，COD 的年通量都远大于环境统计的排放量（表 5-5）。由于计算通量时用的是高频率的监测数据，可以认为核算出的通量更加能够反映真实的排放状况。通过对比可以发现，实际的污染物入河量可能远远大于环境统计的污染物排放量。统计数据和核算数据不符的原因有两种可能：要么是排放量统计不准确，要么是污染物排放没有得到控制。任何一条原因对于工业污染排放的控制来说都不是乐观的（宋国君、金书秦，2008；宋国君、谭炳卿，2008）。

表 5-5　环境统计数据与通量核算数据对比

年　份	河南、安徽两省辖淮河流域内统计的 COD 排放量/万吨	根据环境统计，按人口比例计算的蚌埠断面以上的 COD 排放量/万吨	根据通量计算的吴家渡断面年通量/万吨
1998	134.9	30.63	81.41
1999	139.7	31.76	13.46
2000	126.3	29.58	63.59
2001	110.3	25.33	37.01
2002	103.4	23.73	28.81
2003	96.4	22.12	19.12
平　均	121.5	27.88	42.92

工业水污染没有得到有效控制的另一个重要原因就是企业的违法成本太低。如 2005 年的中石化吉林公司双苯厂爆炸事故，它的危害后果轰动全国，甚至产生了国际纷争，但最后作为排污者的吉化公司却只被处了 100 万元的罚款，这已经是当时法律规定的惩罚上限。相比之下，2005 年美国 Dynegy 公司被判处为其违法行为支付 900 万美元罚款，另外还要在未来 7 年内安装治理设施以及实施一些环保项目，为此，Dynegy 公司需要支付总计 5.15 亿美元的费用（Michael Janofsky，2005）。在 2008 年修订的《水污染防治法》中，对造成水污染事故的行为处罚力度有所加大，对于较大和特大事故的罚款分别为直接损失的 30%、20% 以下，对于造成事故的相关责任人也作出了经济惩罚的规定（上一年从事故单位取得收入的 50% 以下）。但是相比于违法企业应当承担的责任，目前的处理力度远远不够。本书认为，对于造成事故的行为，企业应当承担绝大部分外部性内部化的成本。

5.2　政策问题构建：外部性属性识别

5.2.1　环境效应

根据前文的论述，污染排放的外部效应大小可以从三个角度来度量：一是由污染物排放量直观地反映出来；二是污染排放所造成的经济损失；三是污染排放对干系人福利的影响。上文表 5-1 中的工业废水和主要污染物的排放数据就在一定程度上反映了我国总体上工业污染的外部效应。

更为让人感兴趣的是以货币化形式表达的环境效应，这主要依赖于污染损失评估方面的研究，目前专门对于工业水污染物排放造成的经济损失的研究还不多见。例如，根据俞兴东的估算，重庆市1999年由于工业废水污染所导致的污染损失为10.44亿元（俞兴东，2004），约占该市全年GDP总量（1999年重庆市GDP总量为1479.71亿元）的0.71%。孙炳炎（1996）对重庆市巴县1993年乡镇工业环境污染所造成的经济损失进行了估算，总损失约为2.29亿元，占该县当年GNP的7.8%，其中水污染损失为0.84亿元，占该县GNP的2.86%。

在一些突发性水污染事故中，不仅造成巨大的直接经济损失，而且造成恶劣的社会影响，如在前文提到的无锡停水事件、松花江水污染事件等。这些污染事故的效应已经不能单纯以污染排放量或经济损失来衡量，它不仅影响了市民的日常生活，还造成一系列社会问题，如政府公信力的下降、居民安全感的下降等。对于这类外部性问题的控制，已经超出常规的工业污染排放控制，是应当坚决杜绝的。

工业水污染外部性的影响的时间范围主要取决于污染物的类型，大部分常规污染物，如COD、氨氮等，其影响的时间通常在一代以内，而重金属（如镉）污染则具有跨代的影响。即便是常规污染物，如果污染物的量累积到了相当的程度，导致水体完全丧失生态功能、鱼虾绝迹、物种消亡，这种影响也是代际的，并且是不可逆的。在空间范围上，工业污染物的排放属于跨区域的类型，可能为跨市、省，在一些国际交界的河流中也存在跨国的外部影响，如著名的松花江事件就是由于中方的污染事故致使下游的俄罗斯部分城市饮水安全受到威胁，并引发了中、俄两国的环境争端。

5.2.2 外部关系

工业污染外部性的主体毫无疑问是工业企业，受影响的是下游的渔民、普通居民以及所有取水主体，属于“多对多”型。本书所探讨的工业污染源一般都是指具有较大规模的排放源，也就是说每一个排放主体都是一个规模较大的集中排放源，而受体则是较为分散的。因此，一般而言排放的主体数量少于受害的主体。这是与城市污水外部性所不同的地方之一。对于城市污水而言，外部性的施体和受体主要都是分散的居民，数量上没有明显的差别。这也决定两种外部性问题虽然在很多属性上有相近之处，但是管理的方式却有较大区别。

工业污染排放外部性的方向是发散的，由于大部分工业企业生产用水对于水质要求不高，因而此类企业若排污的话基本是单向的外部效应输出方。但也有少部分企业对于生产用水的水质要求很高，如饮料、食品等以水为主要或关键生产原料的行业，这些行业既是水污染的排放者，又是水污染的接收者，因此是双向的外部关系。但无论如何，居民的饮水都是工业水污染外部性的接收者。

根据上文对地方政府和当地企业之间利益关系的分析，两者具有一致的经济利益，因此可以将考察外部性的边界进一步扩大到行政区，工业污染的排放不仅仅是工业企业向居民的外部效应转移的问题，也是上游行政区向下游行政区的外部效应转移问题。

5.3 政策设计

根据书中第4章提出的流域水污染防治政策的目标，对于工业点源，首要的目标是实现连续达标排放，其次是污染物排放的持续减少，以实现水质的改善。要有效地控制住工业水污染物的排放，首先要在管理体制上打破地方保护主义对水污染防治的桎梏，其次在政策手段上必须对已有的政策进行整合和优化。基于此，本书提出了以中央政府主导的排污许可证制度。

5.3.1 管理体制

根据本书第3章的论述，在利益驱使下，获得外部收益的主体有动机人为地制造信息不对称，以保证其继续获利。要打破这种局面，必须通过管理体制的改革，使利益在一个较高的层次统一起来，从而消除人为制造信息不对称的动力。根据前文提出的环境管理体制基本框架，具体到工业点源污染控制就是大型的工业点源主要由中央政府控制，但是可以委托省级环保部门具体实施；小型的点源由地方环保局来控制。

企业是外部效应的输出者，排放标准所允许的排放限值就是法律允许其输出的外部效应规模，将污水处理到达标排放本应是企业的基本义务，但是在目前看来，我国工业污染仍然处在“初步达标”的水平，但无论是企业自身还是官方的统计数据都声称达标率已经达到90%以上甚至100%[1]。个中原因，值得深思。本书所反复强调的根本症结就是地方政府和企业的合谋：由于地方政府和企业具有一致的经济利益，地方政府对于企业在污染物排放方面的信息当然没有“较真”的必要，甚至千方百计“帮助”企业达标。而中央政府虽然有着崇高的环境价值追求，却无奈难以获得真实信息。这也印证了本书第3章中提出的关于信息不对称造成外部性的恶性循环：由于干系人具有不同的利益取向（在环境保护方面，地方政府和中央政府是有着不同利益取向的，地方政府对于经济利益的看重远甚于中央政府），信息的优势方故意隐藏信息，以保证可以继续获取外部收益。

因此，对于工业点源的管理体制设计最为基本的出发点就是保证政府所获得信息的真实性。那么如何才能获得企业污染排放的真实信息呢？作者不禁想起几年前在深圳一家企业实习的情况，在这个刚成立不久只有不到10名员工的公司里，各项公司制度尚不完善，但是公司却严格执行着国家所规定的财务税收等制度，每到月底都会有专人主动到税务部门申报和缴纳相关税款。在我国，尽管偷税漏税的现象依然存在，但是由于具有严格的公司财税制度，偷税漏税只是少数，而且情况严重的总是能够被发现。可以说，企业所申报的财务信息基本能够反映真实情况。同样是企业申报的信息，为什么财务信息具有相当高的真实率，而污染排放信息却质量低下呢？首先来看企业为什么不敢大肆做假账，或者说企业做假账比较容易就能够被查处。最根本的原因就是企业做假账将直接导致地方政府的利益受损，这就促使地方政府对于企业所提供的财务信息进行详细的核查。因此严格的企业财务制度就规定企业必须有专门的财会部门或人员，提供专

---

[1] 见近年来《中国环境统计年鉴》。

业、可核查的财务记录，必要时还可以借助专业咨询机构进行财务审计，只要假账不是“天衣无缝”，一般都能够被查出来，对于偷税漏税等行为依法进行严厉打击。反过来，企业慑于这种强有力的核查和处罚机制，轻易不敢作假。从企业的财会制度，可以得到一些防止企业在污染排放信息方面作假的灵感。

首先，地方政府的税收分成体制不能轻易改变，地方和企业经济利益一致的格局是不容破坏的，否则会影响地方发展经济的积极性。对于这种格局只能采取逐步渗透的策略，将环境利益内化到地方政府的发展目标中去，例如在对地方政府的考核中，淡化对 GDP、强化地方政府对环境质量的责任，相比污染物排放状况而言，环境质量是更加显化的，中央政府随时可以在任意地方进行测量，而要摸清企业的排污口，却不是一件容易的事情。更为严格的办法是建立企业连续监测网络，重点污染源的连续监测数据直接传输进入中央环保部门数据库。

其次，在达标排放政策的框架下，企业应当承担所有其达标所需的成本，包括提供系统的、完整的信息，这些信息应当足以核查出企业真实的排放状况。这就要借鉴企业的财会制度，要求任何企业必须配备专业的“环境会计”部门或人员，环境会计的职能就是提供本企业的所有环境信息。环境会计信息的形式可以是记述性信息、货币化信息、非货币化信息（徐欣，2007）。记述性信息是不能进行核算的有关企业环境活动的信息，主要以文字形式表达，如企业的环境行为记录。货币化信息是把企业环境行为换算为货币形式表达，如企业的环境投入。非货币信息是以实物的形式表达企业的环境行为，如企业的排污量、污水处理药剂用量等。

环境会计信息的内容应当包括：可证明的企业用水信息（提供购水发票）、企业环境报告、环境财务信息及其他一切有关污染排放的信息。表 5-6 为本书设计的企业环境会计信息基本框架，总体而言应当包括投入和产出两大类型的信息，信息形式包括 3 种，且每项信息都应当有详细的备查记录。框架中的各项内容还需要针对企业具体情况进一步细化，特别是关于污染排放信息的监测方案，应当对监测频率、取样及化验方法进行规定。

表 5-6　企业环境会计信息框架

项目	记述性信息	物化信息	货币化信息	备　查
投入	企业环境管理体系			说明材料
	企业环保专题会议			会议纪要
	人员环保能力建设	培训、新聘人员	费用、工资	培训材料、资质证明
	工艺改造	改造对象	相关费用	详细报告、票据
		新增污水处理设备	购买费用	相关票据
		污水处理药剂数量	购买费用	相关票据
		新鲜水取用	水　费	相关票据
产出	企业环境报告			报告文本
		污水产生量		水量监测数据
		污染物浓度	缴纳排污费	监测数据、票据
……				

再次，在企业之外，应当建立一套严密的环境审计制度，对环境会计从业人员以及排污企业形成足够的威慑力。对于大规模的污染源，应当定期聘请咨询机构进行环境审计。发现作假情况，对企业以及相关责任人处以严厉的经济和刑事惩罚。

以上 3 条的目标就是通过完善的环境管理体制设计打破地方政府和企业的合谋局面，将污染控制扩展到更高的中央层次，在这个层次上环境利益和经济利益之间不再存在冲突，至少在理念上是如此。但是，毕竟中央政府对于企业信息的掌握不如地方政府那么便利，因此需要配备适当的信息核查和超标处罚机制，以降低获取信息的交易费用。在这些机制相对完善的基础上，中央政府也无须事必躬亲，可以以委托代理的形式将一部分具体事务交由地方政府。表 5-7 为根据不同影响的工业污染源分类设计的管理体制框架。

表 5-7　工业点源污染控制管理体制框架

级别	大型污染源	小型污染源	所有污染源
中央	排放申报信息审核；许可证发放及监管；委托地方环保部门	提供制度和政策	制定一般的监测规范、制定并及时更新排放标准、建立和规范企业环境会计制度
地方	代理中央执行部分许可证的管理权力；常规环境政策的执行	排放申报信息审核；许可证发放及监管	政策执行

5.3.2 政策的优先领域

根据前文的论述，政策优先性排序的基本原则就是优先解决外部效应大的问题，在对政策资源进行具体分配的时候依据外部性的集中度，优先投入到外部性集中度高的污染源。表5-8～表5-10分别列出了2007年工业行业中废水排放量、COD排放量、氨氮排放量居前6位的行业，这6个行业的排放量超过工业排放总量的一大半，并且具有一定的集中度。造纸、化工、纺织、农副食品加工、黑色金属这5个行业在3个方面的排放都进入了前6名，而这5个行业增加值占当年工业增加值的比例不超过25%。

表5-8为废水排放量居前6名的行业排放情况。造纸行业占工业废水排放量的19%多，其GDP贡献对于所有工业GDP而言却不到1.5%，相对排放强度也最高，为12.9，也就是说，造纸行业每对工业GDP贡献1%，其废水的排放就要贡献12.9%。六大废水排放行业的综合相对排放强度系数也超过2。从环境经济协调发展的角度而言，相对排放强度系数较之排放总量对于政策来说可能是更有用的，从表中可以看到黑色金属行业的相对排放强度系数小于1，表明该行业的排放强度是低于所有工业行业平均排放强度的。电力、热力行业的相对排放强度系数也接近于1。

表5-8 重点行业废水排放情况

排放排名	1	2	3	4	5	6	总计
行业	造纸及纸制品业	化学原料及化学制品制造业	纺织业	电力、热力的生产和供应业	黑色金属冶炼及压延加工业	农副食品加工业	
废水排放量/t	424597	324026	225169	174796	156862	148589	1454039
占工业废水排放比例/%	19.23	14.68	10.20	7.92	7.11	6.73	65.87
行业增加值占当年工业增加值比例/%	1.49	6.27	4.20	7.54	7.70	3.97	31.16

续表 5-8

排放排名	1	2	3	4	5	6	总计
相对排放强度系数	12.92	2.34	2.43	1.05	0.92	1.70	2.11（加权平均）

注：1. 除排放数据外，其余数据均为作者根据相关的统计数据计算得来。
2. 相对排放强度系数，与排放强度系数类似，本书中主要是为了比较重点行业之间的排放强度，因此采用相对排放强度系数，其数值等于：排放比例/经济贡献比例，即表中第 4 行数据与第 5 行数据的比值。所有行业的相对排放强度系数的加权平均值为 1。
3. 这里以相对排放强度系数反映外部性的集中度，下同。

表 5-9 为工业废水 COD 排放量居前 6 名的行业排放情况。由表 5-9 可以看出，“罪魁祸首”仍然是造纸行业，占工业 COD 排放总量的 34.7%，相对排放强度系数高达 23.3，即造纸行业每对工业 GDP 贡献 1%，其 COD 的排放就要贡献 23.3%。相对排放强度系数较大的还有农副食品加工和饮料制造行业，分别为 3.2 和 3.1。黑色金属行业的相对排放强度系数为 0.38，远低于 1，这说明该行业对于 COD 的排放贡献度小于工业行业的平均水平。

表 5-9 重点行业 COD 排放情况

排放排名	1	2	3	4	5	6	总计
行业	造纸及纸制品业	农副食品加工业	化学原料及化学制品制造业	纺织业	饮料制造业	黑色金属冶炼及压延加工业	
COD 排放量/t	1573656.2	578404	467825.1	344903	227702.1	133906	3326396.4
占工业 COD 排放比例/%	34.73	12.77	10.33	7.61	5.03	2.96	73.42
行业增加值占当年工业增加值比例/%	1.49	3.97	6.27	4.19	1.61	7.7	25.23
相对排放强度系数	23.31	3.22	1.65	1.82	3.12	0.38	2.91

表 5-10 为工业废水氨氮排放量居前 6 名的行业排放情况。化工行业氨氮排放占到工业总排放的 42%，后面依次为造纸、农副食品加工、纺织、黑色金属、石油加工行业。相对排放强度系数的前两位也是化工和造纸行业，分别为 6.77 和 6.53，黑色金属行业的氨氮相

对排放强度系数为0.55，小于工业平均水平。

表 5-10 重点行业氨氮排放情况

排放排名	1	2	3	4	5	6	总计
行　业	化学原料及化学制品制造业	造纸及纸制品业	农副食品加工业	纺织业	黑色金属冶炼及压延加工业	石油加工、炼焦及核燃料加工业	
氨氮排放量/t	130042.9	29818.4	21742.7	16512.6	12935.9	10414.8	221467.3
占工业氨氮排放比例/%	42.46	9.74	7.10	5.39	4.22	3.40	72.31
行业增加值占当年工业增加值比例/%	6.27	1.49	3.97	4.19	7.7	2.65	26.27
相对排放强度系数	6.77	6.53	1.79	1.29	0.55	1.28	2.75

根据本书第3章中外部性中外部关系和环境效应的二分法定义，相对排放强度系数反映了“单位外部关系中包含的环境效应”，相对排放强度系数越大，表明单位外部关系中包含的环境效应越大，越应该优先进行内部化。这与交易费用的排序法是一致的，相对排放强度系数越大，表明实现单位减排，对经济的影响越小，也就是交易费用越小。因此，根据本书建立的政策优先性排序原则，在工业污染排放控制领域，从废水产生量的角度来看，优先控制的行业依次是：造纸、纺织、化工、农副食品加工；从COD的产生量来看，优先控制的行业依次是：造纸、农副食品加工、饮料、纺织、化工；从氨氮的产生量来看，优先控制的行业依次是：化工、造纸、农副食品加工、纺织、石油。因此，综合考虑，政策优先领域应该是：造纸、化工、农副食品、纺织4个行业。其他的工业行业可以用类似的方法进行排序。

5.3.3 政策手段

促使企业实现连续达标排放，这个目标与现行的工业水污染防治政策体系的目标是一致的。基于此目标，本书提出以信息核查为核心机制的排污许可证制度，作为实现工业点源连续达标排放的政策手段。

我国水污染物排放许可证制度始于原国家环保局 1987 年召开的“实行排污申报登记和排污许可证制度座谈会”。1988 年原国家环保局发布《水污染物排放许可证管理暂行办法》（该办法于 2007 年失效），对向陆地水体排污的排放许可证或者临时排放许可证做出规定。1989 年原国家环保局发布的《水污染防治法实施细则》规定对不超标的企业事业单位“发给排污许可证”，对超标排污的予以“限期治理，发给临时排污许可证”。2000 年国务院修订发布《水污染防治法实施细则》，在行政法规的层面上正式确立水污染物排放许可证制度。2004 年 6 月原国家环境保护总局发布《环境保护行政许可听证暂行办法》。

2008 年修订的《水污染防治法》规定：“直接或者间接向水体排放工业废水和医疗污水以及其他按照规定应当取得排污许可证方可排放的废水、污水的企业事业单位，应当取得排污许可证；城镇污水集中处理设施的运营单位，也应当取得排污许可证。排污许可的具体办法和实施步骤由国务院规定。禁止企业事业单位无排污许可证或者违反排污许可证的规定向水体排放前款规定的废水、污水。”

《排污许可证管理条例》也在讨论中，2008 年初环境保护部发布了征求意见稿，作者也参与了一些关于《条例》起草和讨论的会议。总体来说该条例较之以前的《水污染物排放许可证管理暂行办法》有了较大的进步，如提出了持续削减原则、信息公开要求，并试图以许可证为载体，将排污收费、限期治理等现有制度连接起来。但是在管理体制、信息核查、处罚与问责等方面仍然没有大的突破，这等于只是把现有的政策整体打包冠以许可证之名，没有实质性的变化。《条例》自征求意见至今，在立法程序上尚未取得实质性的进展，因此有关监测、资金、管理等各方面的实施细则更无从谈起。我国在排污许可证的实践方面也有近 30 年的历史，但是实施效果一直欠佳（夏光、冯东方、程路连等，2005）。

本书所提的许可证实际上是一种对企业的排放限制，是对我国现在部分地区试行或正在研究的许可证制度的完善。

首先，它的形式是以许可证为载体，将现有的水污染防治政策串起来，目标是实现连续达标排放。许可证最基本的内容就是将企业所须遵守的政策详细内容，不是将所有政策堆砌在一起交给企业，而且要告诉每个企业它所应遵守的具体内容是什么。许可证的文本应该就是为每个企业定制的守法文件。企业对照许可证就可以知道自己要缴纳多少排污费、各类污染物排放的浓度和总量限值等详细而具体的信息。

其次，它的核心是信息核查和对超证排污的处罚机制。许可证中要对企业的监测方案、环境会计信息内容进行详细的规定，例如不同季节或不同时段的监测频率、环境会计报表内容和格式。企业所提供的信息应当足以证明它所申报的排放状况，环保部门利用水平衡、排污系数等方法对这些信息进行核查。在现有政策框架下，对于企业申报的超标情况可以按照排污收费、限期治理等相关规定进行处罚，也可以根据许可证设置新的处罚标准。对于提供虚假信息的企业经核查处以加倍甚至多倍的处罚，严重情况对相关人员进行经济或刑事处罚。

再次，它规制的对象不仅是排污企业，还有地方政府。工业污染主要来自于各企业的排污口，控制的对象主要为工业企业。但是如果把范围放大来看，一个县或一个市实际上就像一个超大型企业，区域范围内的工业、市政、面源等汇聚成为一个巨大的排污口，流向天然水体，对下游地区产生外部影响。许可证制度要考虑地区作为一级经济单元的特征，将地方政府也纳入规制的范围。

第四，目前阶段许可证不应当以交易为目的。在经典文献中，排污许可证实际上是一种排污权的分配（泰坦伯格，1992），许可证具有财产权的一些特征，如持久性和可靠性。可交易的排污许可证必须在严格的条件下才能进行，最为核心的条件就是单位排污量在不同地方排放对水质所造成的影响相同，还有诸如监管完备、市场完善等条件。但是作者认为，基于中国的国情，排污许可证更多是企业治理污染的责任的规定，其基本目标是达标排放，在目前的水污染防治政策中，可暂不考虑交易。在水污染控制方面，盲目强调许可证的可交易性，可能使该项政策走向误区，因此本书暂不过多讨论许可证的交易问题。

本书所提的排污许可证主要基于现有的工业水污染防治政策，但是并不只是将所有政策汇编在一起以许可证的形式发放给企业，除此之外，它的核心内容是一套有效的信息机制，以及促进企业持续削减的更新机制。

上文提到的环境会计制度可能是许可证制度获取信息的主要政策手段。但是，在这项政策建立之前，我们对于工业污染源排放的“家底”并不是很清楚。现行的众多政策所依据的信息基础是企业的申报数据，但是对于企业申报数据缺乏有力的核查机制，且地方政府与企业存在“合谋”隐藏信息的动机，因此，现有信息的真实性很低，中央政府在这种信息基础上所制定的政策的有效性也就可想而知了。在现有的体制下，“作假”已经成为一种路径依赖，申报数据基本就是在前一年数据的基础上进行一些“加工”而成，因此只要有一年的数据有假，那么以后每年的数据基本也无法相信。

因此，获取政策制定时点的真实排放信息是一项最基本的工作。本书认为，了解真实的排放状况，比漂亮的统计数据更加重要。为了获得比较真实的初始数据，中央政府可以采取一次“大赦”，即宣布对以往的作假既往不咎，各企业只要上报真实的排污量，不追究企业排放强度、排放总量的大小，今后的政策只是督促企业持续削减。另外，再辅以严格的信息核查机制，对于在这次“大赦”中仍然上报虚假信息的企业和相关人员给予严厉的惩罚，并令该企业重新进入申报和核查程序。这样，就基本能够掌握真实的排放情况，这里所说的排放状况是一个综合的概念，不单是企业的排放总量，还包括企业的技术水平、污染物排放特性（如不同时段的排放量、排放浓度等）、排放总量、排污口位置等。企业初始排放信息的获取机制如图 5-2 所示。

许可证制度与排放标准具有非常紧密的联系，但它与基于环境规制的达标排放政策又有较大的不同。许可证的基础就是排放标准，在许可证的总量确定、分配、监管等环节，所考虑的核心问题就是企业的达标排放。但是与普通的命令控制型手段不一样的是，排污许可证

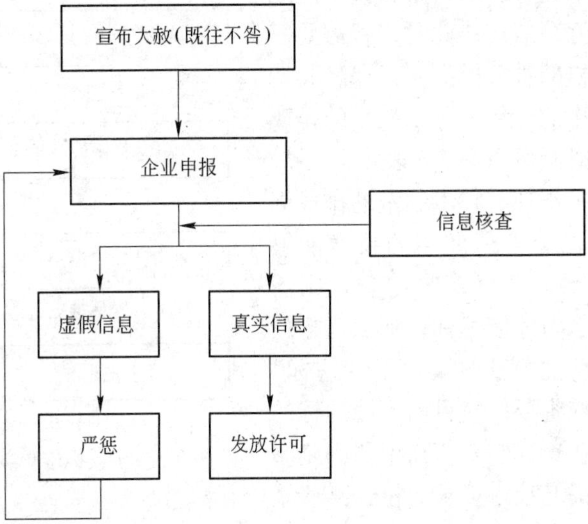

图 5-2　基于"大赦"的初始排放信息获取机制

的最为基本的思想就是给企业提供灵活性，让企业自己选择达标排放的方案，并且它们的选择也是自主的，是在寻求企业成本最小化的过程实现的达标排放（托马斯·思德纳，2005）。

基于"大赦"获取初始排放状况后，即给企业发放初始的排污许可证。通过上文阐述的信息核查和超证处罚机制促使企业实现连续达标排放。更进一步的目标就是实现持续减排，这主要依赖于排放标准的更新机制。由于对排污行为进行监控是很难的，但对技术进行监控却很容易，本书主张排放标准的制定和更新依据应当是技术水平，而不是不切实际地追求环境容量。

当许可证实施后，大部分企业通过一定的努力达到许可证的要求。但是，企业的努力水平是不一样的，现有技术水平高的企业要付出的额外努力要小，甚至有些企业根本不需要额外的努力就能够达到要求。在一个静态的排放标准下，能够轻易达标的企业就失去了继续削减的动力，即使有更加先进的技术也未必愿意采用。当达标率由一个初始的比例上升到一个更高的比例后，现有的排放标准所能控制的对象就越来越少，对污染物排放削减的贡献也逐渐减弱，此时，就需要一个更加严格的排放标准，以保障其持续促进减排的作用。基于技术的排放标准更新机制可由图 5-3 表示。

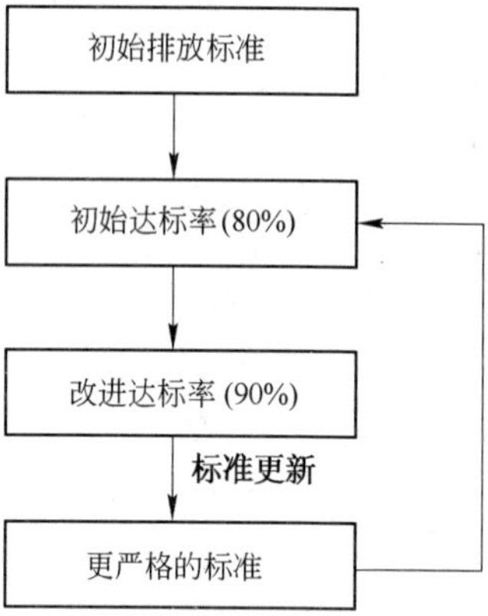

图 5-3 排放标准更新机制

假设基于现有技术制定的排放标准为 80% 的企业所使用的技术能够达到标准要求，而 20% 的企业则需要一定的努力才能达标；那么与排放标准相配合的各项政策对于“超标”的处罚措施主要针对目前不能达标的 20% 的企业，这些企业在惩罚的刺激下将努力提升技术以求达标，某些企业在付出所有努力却仍难以达标的状况下可能考虑关闭。因此，标准实施一段时间后将会有更大比例的企业达到标准要求，例如 90%，提高的 10% 的达标率一部分来自原来不能达标的企业通过努力实现了达标，一部分缘于一些企业关闭了，而新增加的企业则必须在一开始就达到甚至优于标准。但固定不变的标准对于减排的贡献显然是越来越小的，所以可以考虑在达标率为 90% 时更新排放标准，新的排放标准仍然是基于现有 80% 的企业能够达标而制定的。

通过这种更新机制，一方面可以使标准起到持续约束的效果，另一方面也将推动技术进步，对于环境效果和技术进步是双赢的。企业对于更严格的排放标准有了预期，它们甚至会提前“储备”更加先进的技术，以便在将来的竞争中占据先机。由此看来，在这种更新机制下面，企业的环境技术便内化成为企业竞争力的一部分。这无疑是政策所期待的效果。

6 城镇污水管理的政策设计

本章是政策设计基本框架在城镇污水管理方面的应用。首先通过对现有的与污水相关的政策梳理，主要对我国城镇污水处理厂建设和管理现状进行总体分析，初步识别出存在的问题。其次，应用环境外部性理论的分析框架，分别从外部性的各个要素对城镇生活污水的外部性属性进行分析，两个案例城市的调研内容一方面是总体问题的具体表现，另一方面也反映外部性理论问题在现实中的表现。最后，从管理体制、政策手段、技术措施、政策目标优化等方面对我国城镇污水处理厂的管理政策进行初步设计。

6.1 现状分析和问题识别

6.1.1 现行政策初步分析

目前，城镇污水处理主要被当做一类项目而不是一项政策手段看待，因此，除《水污染防治法》以外，几乎没有专门关于城镇污水管理的政策规定，对于城镇污水处理厂主要见于各类规划项目中。例如在《淮河流域水污染防治规划（2006~2010）》中提出：（淮河流域）城镇污水处理厂建设要坚持“集中和分散”结合的布局、所有污水处理厂必须达到一级 B 标准的出水水质要求、加强管网建设、安装在线监测等要求。但是对于污水处理厂及管网建设的资金保障方面，几乎没有明确中央政府的责任，主要依靠地方政府筹集。后文的分析也能说明资金问题（主要是处理厂和管网建设资金）是目前城镇污水处理滞后的主要问题。国务院 2002 年发出的《关于加强城市供水节水和水污染防治工作的通知》提出：在“十五”期间，所有的设市城市都必须建设污水处理厂；“十五”期末，50 万人口以上的设市城市，污水处理率应达到 60% 以上；到 2010 年，所有设市城市的污水处理率不得低于60%，对于直辖市、省会城市、计划单列市以及重点风景旅游城市则要求更高，不得低于70%。

2007年财政部下发了《城镇污水处理设施配套管网以奖代补资金管理暂行办法》（财建［2007］730号），用于促进中西部地区城镇污水处理能力的建设。奖励的标准是每新增1公里配套管网奖励20万元，每新增1万立方米污水处理能力奖励40万元。

关于城镇污水的防治政策主要体现在《水污染防治法》（2008）中，最重要的原则性规定是城镇污水的集中处理，主要规定了：县级以上地方政府通过财政预算和其他渠道筹集资金，统筹安排建设城镇污水集中处理设施及配备管网；污水处理费主要用于污水处理厂设施的建设和运行；运营单位对出水水质负责等内容。详细规定见专栏6-1。

专栏6-1：《水污染防治法》中关于城镇污水治理的规定

第四十四条 城镇污水应当集中处理。

县级以上地方人民政府应当通过财政预算和其他渠道筹集资金，统筹安排建设城镇污水集中处理设施及配套管网，提高本行政区域城镇污水的收集率和处理率。

国务院建设主管部门应当会同国务院经济综合宏观调控、环境保护主管部门，根据城乡规划和水污染防治规划，组织编制全国城镇污水处理设施建设规划。县级以上地方人民政府组织建设、经济综合宏观调控、环境保护、水行政等部门编制本行政区域的城镇污水处理设施建设规划。县级以上地方人民政府建设主管部门应当按照城镇污水处理设施建设规划，组织建设城镇污水集中处理设施及配套管网，并加强对城镇污水集中处理设施运营的监督管理。

城镇污水集中处理设施的运营单位按照国家规定向排污者提供污水处理的有偿服务，收取污水处理费用，保证污水集中处理设施的正常运行。向城镇污水集中处理设施排放污水、缴纳污水处理费用的，不再缴纳排污费。收取的污水处理费用应当用于城镇污水集中处理设施的建设和运行，不得挪作他用。

城镇污水集中处理设施的污水处理收费、管理以及使用的具体办法，由国务院规定。

第四十五条 向城镇污水集中处理设施排放水污染物，应当符合国家或者地方规定的水污染物排放标准。

城镇污水集中处理设施的出水水质达到国家或者地方规定的水污染物排放标准的，可以按照国家有关规定免缴排污费。

城镇污水集中处理设施的运营单位，应当对城镇污水集中处理设施的出水水质负责。

环境保护主管部门应当对城镇污水集中处理设施的出水水质和水量进行监督检查。

从专栏中可以看出，现行政策主要将城镇污水治理的责任界定为地方政府，尤其在城市污水处理厂建设资金的筹集方面，地方政府是最主要的投融资主体。这在一些流域的规划中也充分体现了出来，例如在太湖流域水污染防治“十五”规划中规定：中央政府财政补助城镇污水处理项目仅占总投资的17%，其余资金全部由地方政府筹集。

6.1.2 全国城镇污水处理厂总体建设状况

近几年我国污水处理发展迅速（表6-1），城镇污水处理厂的数目由1999年的283座发展到2007年的883座，而且新增污水处理厂基本都是二、三级污水处理厂，2007年污水处理厂的污水处理能力是1999年的5.9倍。城市污水的处理率和污水处理厂的集中处理率均保持增长的态势。

表6-1 近几年全国城市污水排放及处理情况

年份	全国城市污水排放量/(万立方米/年)	城市污水处理厂/座	二、三级污水处理厂/座	污水处理厂污水处理能力/(万立方米/日)	二、三级处理/(万立方米/日)	污水处理厂污水处理量/万立方米	城市污水处理率/%	污水处理厂集中处理率/%
2007	3610118	883	795	7145.5	6301.4	1788737	62.87	49.55

续表 6-1

年份	全国城市污水排放量/（万立方米/年）	城市污水处理厂/座	二、三级污水处理厂/座	污水处理厂污水处理能力/（万立方米/日）	二、三级处理/（万立方米/日）	污水处理厂污水处理量/万立方米	城市污水处理率/%	污水处理厂集中处理率/%
2006	3625281	815	689	6366.3	5424.9	1569071	55.67	43.06
2005	3595162.3	792	694	5725.2	4791.1	1414946.0	51.95	39.4
2004	3564600.6	708	598	4912.2	3766.1	1160248.4	45.67	32.5
2003	3491615.9	612	480	4253.6	3173	959561.7	42.12	27.5

数据来源：国家统计局，各地区城市污水排放和处理情况（2003～2007）。

表6-1中的数据似乎反映了一种积极的趋势：那就是污水处理厂的建设在加强，污水处理能力在不断提高。但是我国城市污水处理厂的运行状况是不理想的，污水处理设施运行负荷水平低和运行率低。到2004年底，全国城市污水处理厂运行负荷率平均为65%，比2001年提高了5%。截至2005年6月底，全国364个建有污水处理厂的城市中，仍有38个城市的污水处理厂运行负荷率低于30%（包括17个已建污水处理厂未投入运行的城市）。其中，地级以上城市17个，包括2个人口50万以上的大城市。位于重点流域、区域“十五”规划范围内的城市有6个❶。根据中国水网的一篇报道，至2009年“中国仍有约四分之一的设市城市和七成一的县城尚未建成污水处理厂，相当一部分已建成的污水处理厂负荷率不足三成”。

根据表6-1中的部分数据计算一下城市污水处理厂运行的负荷率，也可以发现城市污水处理厂的使用效率并没有实质性的提高，见表6-2。考虑到由于设备检修造成的污水处理厂的非正常运行，分别以每年正常运行313天（每周检修一天）、353天（每月检修一天）、365天（全年正常运行）计，城市污水处理厂的使用效率分别为80%、70%、68%左右，而且在近5年并没有显著的提高。而对比城市污水处理率，截至2007年也只有62%左右。这表明目前的城市污水处理存在两方面问题：一方面，城市污水处理率仍然较低，城市污水处理厂的处理能力仍然不够；另一方面，现有的污水处理能力并没

❶ 数据来源：建设部通报全国城市污水处理情况（建城［2005］149号）。

有得到有效的利用，这应该主要源于下水管网建设的落后。

表 6-2 不同情况下城市污水处理厂的负荷率

年份	污水处理厂污水处理能力/(万立方米/日)	污水处理厂污水处理量/万立方米	313 天正常运行的负荷率/%	353 天正常运行的负荷率/%	全年正常运行的负荷率/%
2007	7145.5	1788737	79.977814	70.9151722	68.58371
2006	6366.3	1569071	78.742855	69.820152	67.52469
2005	5725.2	1414946	78.959587	70.0123246	67.71055
2004	4912.2	1160248.4	75.462398	66.9114178	64.71159
2003	4253.6	959561.7	72.072887	63.9059878	61.80497

注：负荷率 = 年处理量 ÷ （正常运行天数 × 日处理能力）。

与发达国家相比，我国人均城市污水厂占有量仍存在差距。2006 年，我国共有城镇人口 57706 万人，平均 71 万人 1 座污水厂。美国是目前世界上污水处理厂最多的国家，平均 5000 人就有 1 座，其中 78% 为二级生物处理厂；英国共有处理厂约 8000 座，平均 7000 人 1 座，几乎全部是二级生物处理厂；日本城市废水处理厂约 630 座，平均 20 万人 1 座，但其中二级处理厂及高级处理厂占 98.6%（刘欣铠，2005）。表 6-3 可以从污水处理厂覆盖的人口比例状况进一步展示我国与发达国家之间存在的差距。

表 6-3 各国城市污水收集及处理覆盖人口比例

国家/地区	数据年份	污水收集系统涉及的人口比例/%	城市污水处理系统覆盖人口比例/%
美 国	1996	71.4	
日 本	2003	67	67
英 国	2002	97.7	97.5
荷 兰	2006	99	99
德 国	2005	97	94
法 国	2004	82	80
西班牙	2007	100	100
奥地利	2006	92	92
丹 麦	2002	87.9	87.9
瑞 典	2006	86	86
瑞 士	2005	97	97
中国大陆地区	2007		49.1
中国香港地区	2007	93.2	93.2

续表 6-3

国家/地区	数据年份	污水收集系统涉及的人口比例/%	城市污水处理系统覆盖人口比例/%
韩　国	2003	78.8	78.8
古　巴	2005	38.8	N/A
墨西哥	2006	67.6	35
巴　西	2006	48	26
波　兰	2007	60	62
希　腊	2007	85	85
南　非	2007	60	57
土耳其	2006	72	42

数据来源：联合国统计局，http：//unstats. un. org/unsd/ENVIRONMENT/wastewater. htm.

由表 6-3 可以看出，欧洲一些“老牌”的发达国家在城市生活污水收集和集中处理方面都已经达到了相当高的比例，如西班牙、英国、德国、荷兰、瑞士等国家均达到 90% 以上。即便一些不太发达的欧洲国家，如波兰、希腊，甚至南非的污水处理率也与我国接近。相比其他发展中国家，如墨西哥、巴西、古巴等国家，我国的城镇污水处理略微占优，但是并没有显示出与经济发展水平相对应的优势。

此外，尽管污水处理能力在不断增强，污水处理率也在增加，但是城镇生活污染物的排放量并没有得到根本的遏制，根据历年来环境统计数据，近年来生活污水所排放的 COD 总量仍然呈较快的上升趋势，如图 6-1 所示。

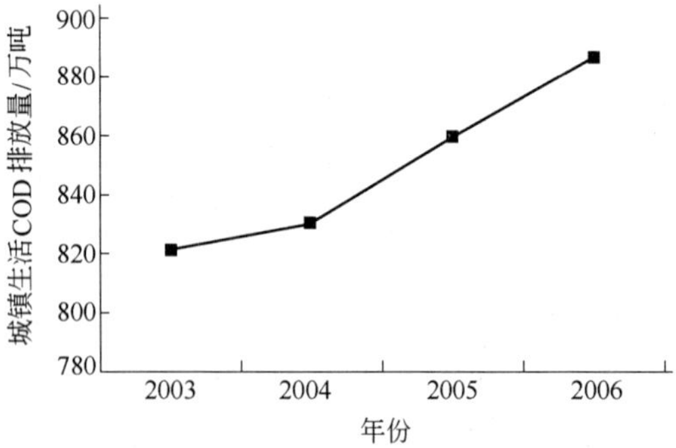

图 6-1　近年来城镇生活污水排放 COD 状况

6.1.3 存在的主要问题

至2007年底，中国的城镇污水处理能力约达到7206万吨/日，理想情况下全年正常运行的话，年处理能力为263亿吨，而实际污水处理量为194.2亿吨/年，由此估算污水处理厂的负荷率为73.8%，由于进入城镇污水处理厂的还有部分工业废水，2007年我国城镇生活污水处理率为49.1%（陈中颖等，2009）。总体来说，我国城镇污水处理方面的主要问题一是处理能力不够，城镇污水处理能力与城市化水平和城市化速度不相称；二是由于管网建设的落后、缺乏对污水处理厂的监管等因素，已经形成的污水处理能力也未能得到有效的利用。本书试图从政策和管理方面为存在的现实问题寻找原因。从政策和管理的角度来说，我国城镇污水处理存在以下问题：

（1）地方政府为主体的资金筹措机制与城市污水的外部性属性不相称。城市污水处理厂所需资金包括基础建设资金和日常运行资金，根据作者的亲身调研和一些文献中对城市污水处理运行成本的估算，目前的污水处理费基本可以解决日常运行费用问题，因此资金缺口主要发生在基础建设费用上。这部分费用包括污水处理厂的处理设备和配套的下水管网建设两部分费用。目前我国城市污水处理厂融资的任务主要落在地方政府身上，例如在太湖流域水污染防治“十五”规划中规定：中央政府财政补助城镇污水处理项目仅占总投资的17%，其余资金全部由地方政府筹集。这种地方政府负主要责任的资金机制是与城市污水的外部性属性不相适应的。尽管人人对于生活污水的排放都负有责任，但是在一种类似于“囚徒困境”的状况下，各个城市都认为自己花钱建造了污水处理厂，但处理后的出水却是流到下游，自身并没有直接从投资中受益。这样很难保证地方政府在城市污水处理厂资金筹措方面的积极性。

由于水是人们生活最为重要的必需品，生活用水需求缺乏弹性，按照用水量征收的污水处理费对于居民生活福利有直接的影响，因此污水处理费的征收标准基本只能维持在一个“保本微利”的水平。而这种水平的收费难以吸引以追逐最大化利润为目标的市场资金的进入，这也使得资金筹措难上加难。目前我国城市污水处理厂建设的资金来源主要是政府投资和国际性援助贷款，只有少部分为私有资金。

(2) 缺乏对进水的控制。城市污水处理厂在接受进水方面通常是非常被动的，进水的水量和水质同时受到自然和人为因素的影响。由于我国目前绝大部分城市没有实现雨污分流，雨水混合着生活污水进入城市污水处理厂，当一定时间内有较大降雨量时，进水量超过污水处理厂的负荷能力，从而造成溢流，甚至停产直排。另外，由于部分工业企业排放的废水也进入城市污水处理系统，大部分没有预处理要求且缺乏对企业来水的监控，工业废水污染物浓度的变化对污水处理工艺形成较大的冲击。更为严重的是企业存在偷排现象，大量高污染浓度的废水进入污水处理厂，致使处理厂“措手不及”，目前污水处理厂普遍采用活性污泥处理工艺，当污染物浓度超过一定限值后，污泥活性降低甚至丧失，有时不得不停运并重新培养污泥。

(3) 管理体制不顺导致无法对城市污水处理厂出水水质进行有效的监管。城市污水处理厂主要被认为是去污的，没有被视为一个集中的污染源，城市污水处理厂可以说是污水排入水体的最后一道关口，出水水质直接影响到入河污染物的量。我国大部分污水处理厂属事业性单位或国有企业性质，这也给出水水质监管带来了一定的问题。即使环保局监测到污水处理厂出水超标，也难以采取有实质性的处罚措施，通常的做法是罚款。而作为事业单位或国有企业性质的污水处理厂，其运行经费主要依靠财政的拨款（从污水处理费中拨付），那么罚款所占据的实际上是运行经费，这势必影响到污水处理厂后续的运行状况。由于污水处理厂本身并不盈利，它自身也无权对来水提出要求，当出水水质不好是由于进水水质不好而造成时，污水处理厂受罚其实也是很“无辜”的。在访谈和调研过程中，城市污水处理厂的相关人员也对受罚表达了这种“无辜”。

此外，污水处理厂的隶属关系紊乱也为出水监管添加了障碍。有的隶属环保局管，有的隶属水利局，有的隶属公用事业局，有的隶属建委，还有的隶属自来水公司。例如在河南省安阳市，全市 3 家污水处理厂，就分别隶属 3 家单位（严嫣、赵洪才，2004）。多头管理，造成责任不清，管理混乱。通常情况下，环境保护的执法职能属环保局，而污水治理工程由建设城管部门主管，存在管理和执法“两张皮”现象。政府既扮演管理者的角色，又往往充当一定的经营者的角色，同时负责对污水处理效果的监管。这样的管理体制必然无法实现高效率的出水监管。

尽管在众多的文献中都会指出城镇污水处理厂运营费用的问题、利用效率的问题，但是，相比上面几个问题来说，这些都是排在后序的。本书自始而终所贯穿的就是优先消除环境效应、其次内化外部关系，即效果优先、效率其次，这不仅是基于本书所提出的外部性理论方面的推断，更是基于目前环境问题日益严重、已经成为制约人类生存和发展的因素这样一个严峻的事实而发出的呼吁。中国的改革开放得益于邓小平“摸着石头过河”这一朴素而又伟大的思想，这一思想提出的背景是中国在经历一系列重大挫折之后百废待兴且刻不容缓。而今，环境问题，特别是水污染问题，也正在走向一个危机的关口，考虑所有政策手段和行动措施的效率的前提是实际问题的解决。

在城镇污水管理方面，就目前的情况而言，首要的是完善城镇下水管网，将现有的处理能力充分利用起来。其次是增加城镇污水处理厂的处理能力。极端一点来讲，即使污水处理厂的处理规模超过了现有的需求，那也不一定就是低效率的事情。因为诸如城镇污水处理厂及配套的管网这类的基础设施，它的一个很强的特点就是“路径依赖”，也就是说，今天所造成的格局对于将来影响深远。如果以发展的眼光来看问题的话，在承受能力尚可的情况下，处理能力适当超过现有需求何尝不是一种超前的战略考虑呢？多出的处理能力实际上为将来的发展提供了空间，并且一次建成的投资往往比修、改、扩建到同样水平的投资要小。生活在北京，交通堵塞已经成为生活的一部分，每当看到或者亲历拥挤不堪的公交车在道路上蜗行的时候，心里总会想为什么道路不修宽一点？但是有些道路其实在修建的时候是满足或者超过当时需求的，这个宽度对于当时来说部分是“闲置”的，而现在无疑都被充分利用了。总而言之，作者始终认为，对于城镇污水处理厂的能力建设而言，没有足够的处理能力比部分处理能力的闲置更加低效。

以上存在的几类问题，一方面是从文献和已有的研究中归纳出来的，另一方面也通过作者的访谈得到了一些证实。本书作者分别在江苏省W市、辽宁省B市进行了污水处理厂方面的调研。

6.2 基于W市的实证分析

作者于2007年太湖蓝藻暴发期间赴W市展开了调研，并着重对该市的城市污水处理厂进行了调查，由于得到了当地政府的一定支持，不仅对污水处理厂的相关负责人进行了访谈，还获得了2007年1月至2007年7月的污水处理厂连续监测数据。以下主要归纳作者在对该市一个典型城市污水处理厂厂长访谈时获得的信息。

首先，在管理体制方面，W市的城市污水处理厂归市环保局和市政公用事业局双重管理，在具体运营方面主要为后者主导。根据调研获知，W市污水处理厂的具体运营管理又是两块牌子一套领导班子，即一方面归市政公用事业局，另一方面它又归属于W市水务集团（该集团2009年7月正式成立，作者调研时正在筹备组建）。水务集团属于企业性质，为国有独资集团公司，主要负责自来水、污水资产经营和资本运作以及对自来水、污水项目的筹资、投资、建设和运营。因此，总体而言，W市城市污水处理厂管理模式主要属于政府主导型。

其次在污水处理费征收和使用方面，根据受访人的粗略估算，城市污水处理厂的进水中80%为生活污水，20%为工业废水。生活污水的处理费是按照江苏省统一标准1.1元/吨征收，工业废水由处理厂和企业协商，基本也是1.1元/吨。污水处理费由自来水公司统一收取，实行“收支两条线”，主要用于支付污水处理厂的日常运营经费和管网建设费用。污水处理厂按照处理的水量获得财政的拨款，资金的保证很充足，基本可以保证污水处理厂的全年正常运行。根据受访人的估算，污水处理的成本约为0.4元/吨，其中电费所占的比例最大，为45%~48%，其余为人员工资、药剂等费用。

根据《W市污水处理费征收使用管理办法》（政办发［2008］44号）的规定，污水处理费的40%主要用于城镇污水处理设施建设、改造等；10%主要用于排水行业规划、监测、管理和考核奖惩等专项经费。一级B排放标准处理污水的支付标准统一暂定为0.51元/吨，按一级A排放标准处理污水的支付标准由市财政局会同市政公用事业局、市环保局另行核定。《办法》中关于污水处理费分配的规定核实了受访人关于运行费用充足的说法，该厂当时是按照一级B标准处理的，因此可获得0.51元/吨的政府拨款，完全可以覆盖其日常运营成本（0.4元/吨）。《办法》中没有明确管网建设的经费来源。

根据以上访谈的内容，可以得出以下主要结论：

（1）污水处理厂的运营经费不是问题。W市1.1元/吨的污水处理费已经足以全部覆盖污水处理厂日常的运营经费。况且，一般来说，污水处理费的征收率要高于污水处理率，因为城市居民只要使用自来水就必须缴纳自来水费和污水处理费，征收率几乎为100%，而现实的污水处理率却不是100%。因此，进入污水处理管网的每吨污水实际上可用的资金高于1.1元/吨的费率。

（2）存在的主要问题是进水水质不稳定对处理工艺造成的冲击，进水的COD浓度波动很大，稳定时为500mg/L，对处理工艺不造成太大威胁，但是由于存在偷排现象，COD有时高达900mg/L，严重影响污泥的活性，从而使出水的污染物浓度超标。由于作者得到的信息主要来源于该市的环境监测站，因此都是关于出水的信息，对于进水水质的波动情况目前只能根据以上受访人提供的信息来断定。但是根据目前偷排现象的普遍性，有理由相信受访者关于进水水质不稳定的说法。

根据调研所获得的监测数据也可以说明城市污水处理厂存在的一些问题。首先是污水处理厂出水水质的达标率不高，且出水水质很不稳定。表6-4对该市6个城市污水处理厂7个月的连续监测数据进行了总体上的处理。根据一级B标准的出水要求，有三个污水处理厂的平均出水水质未能达标，这三个污水处理厂的平均达标率也相对较差。

表6-4 W市各污水处理厂COD均值统计参数

污水处理厂	XC	SF	MS	MC	TH	LC
平均浓度/（mg/L）	75	62	44	61	50	47
达标率/%	45.3	63.7	88.2	48.6	81.6	93.9
标准差/（mg/L）	44	28	15	18	35	26
离散系数/%	58.5	44.4	34.1	29.3	69.9	56.0

续表 6-4

污水处理厂	XC	SF	MS	MC	TH	LC
最小值/（mg/L)	28	30	20	35	20	23
最大值/（mg/L)	312	210	113	183	336	320

注：1. 这里所指的达标是指污水处理的一级 B 标准，COD 的浓度要求为不超过 60mg/L；

2. 离散系数，是标准差与平均值的比值，表征数据的离散和波动情况，离散系数值越小说明数据波动性越小，也就是 COD 浓度的稳定性越好。

另外，从这些数据来看，出水水质很不稳定，通过表 6-4 中的离散系数可以表现出来。水质最稳定的污水处理厂离散系数都接近 30%，最大的接近 70%，这表明出水 COD 浓度的波动范围很大。图 6-2 以 XC 污水处理厂为例，做出其出水的 COD 浓度日均值的散点图。由图 6-2 可见，该厂出水的 COD 浓度大部分天数处于 50 ~ 100mg/L 的区域，且出水水质很不稳定，出水 COD 有时甚至超过 300mg/L。

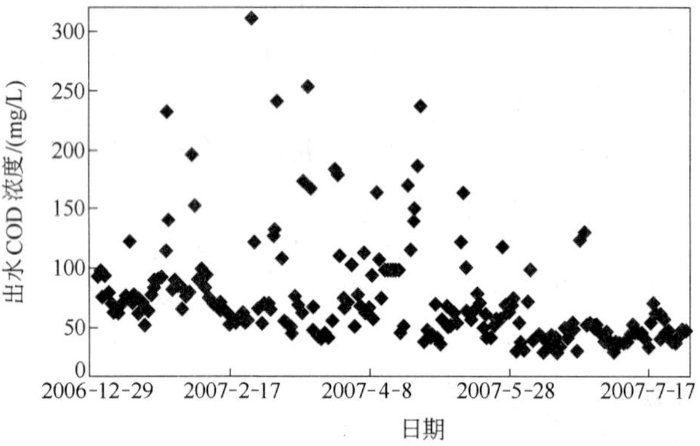

图 6-2　XC 污水处理厂出水 COD 日均值

图 6-3 是 XC 污水处理厂日处理污水量的散点图。该厂的设计日处理能力为 5 万立方米，平均日处理量为 4.45 万立方米，负荷率接近 90%。图中大部分点在 4 ~5.5 万立方米这个区间，这表明 5 万立方米的日处理能力基本得到了充分的利用，随着管网的完善，在一定时期内收集的污水量将大于现在的日流量。目前的处理能力可能满足

不了未来的发展需求。

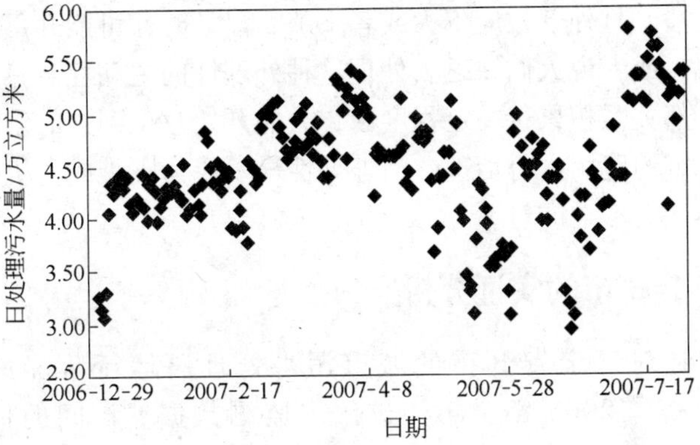

图6-3 XC污水处理厂日流量

表6-5进一步反映了各污水处理厂在不同月份的达标排放率。其中XC、SF、MC三个污水处理厂的月达标率较低。

表6-5 2007年1~7月W市各污水处理厂排放达标率 （%）

月份	XC	SF	MS	MC	TH	LC
1	3.2	35.5	77.4	54.8	87.1	74.2
2	25.0	67.9	75.0	71.4	85.7	100.0
3	38.7	58.1	96.8	71.0	54.8	100.0
4	20.0	60.0	93.3	60.0	100.0	90.0
5	48.4	35.5	90.3	38.7	83.9	96.8
6	86.7	93.3	93.3	3.3	66.7	96.7
7	90.3	96.8	90.3	41.9	93.5	100.0

2007年4月底，由于太湖蓝藻暴发，W市出现供水危机，引起全社会、国内外的广泛关注。应该说，此时的外部性已经积累到一个空前的大小了，外部关系和外部效应影响的范围空前广泛，数以百万计的W市市民为直接的受害者。而通过以上数据可以看出这种外部性的积累对污水处理行为的影响。以XC污水处理厂为例，其出水的COD浓度自5月份开始有了迅速的好转，这通过图6-3也可以看出，出水COD日均值高于一级B标准的天数较之前有了显著的减少。其

他污水处理厂也类似，到7月份，出水的达标率基本都在85%以上，多数污水处理厂的出水达标率超过90%。这说明当外部性在一个较小范围传播，且外部效应不大或者不那么显著时，可能并不会受到人们的重视，或者说人们缺乏去处理这种外部性的主动性。只有当外部效应和外部关系积累达一定程度后，人们开始意识到它的影响，并愿意支付一定的费用进行治理。当外部性暴发成为灾难或危机时，人们则开始不计成本地应对。

6.3 基于B市的实证分析

作者还对辽宁省B市的城市污水处理厂运行状况进行了访问，并获得了2008年全年的进出水监测数据。访问的情况见专栏6-2。

专栏6-2：B市污水处理厂访谈记录

时间：2009年10月　地点：B市污水处理厂

受访人：B市污水处理厂总工程师

基本信息

1. B市污水处理厂基本情况？

B市污水处理厂1个，B钢铁厂有一个自己的污水处理厂，环评时说污水不外排，但目前有偷排的情况。还有一个污水处理厂在B县。B市污水处理厂满负荷运行时处理能力为22.5万吨/日，日处理去年16万多吨，今年估计在17~18万吨，因为今年比去年多截了两个河沟（即河沟不再直通T河）。出水达到国家二级标准。

2. 全市污水处理率有多少？

由于连接T河的河沟基本被截流，污水直排T河的情况基本得到控制，所以可以大致认定全市所有的污水都进入污水处理厂。B钢铁厂有自己的污水处理厂，具体数据没有得到。B市污水处理厂污水处理率应该可以达到95%以上。

3. 请介绍一下污水处理费征收情况。

B市污水处理厂属于B市自来水公司，因此污水处理费是由自来水公司征收的，按每吨处理成本和承受程度定价，具体需要询问市物价局。

4. 污水的主要来源？

主要是生活污水，占60%以上，部分工业废水，约占30%。生活污水和工业废水是混合着进入污水处理厂的，对企业的废水排放没有预处理要求。

5. 日常的运转情况如何，是否满负荷运转？

可以满负荷运转。1/3的时间不满负荷，2/3的时间超负荷，基本在雨季和冬季。目前满负荷量是22.5万吨/日，计划增加7万吨，到时估计应该可以满足要求。

6. 污水处理厂的出水排到哪里，下游是什么地方？

B市污水处理厂将处理过的水排入T河下游，再向下走就是L市。

7. 污水处理厂建设的投资情况如何，谁出资、出资比例，每吨处理能力的基建投资是多少？

主要是世行贷款。由市污水办主持建成后交付当前的管理人员。投资方面的数据污水处理厂的人员不了解。

8. 污水处理厂是什么性质的单位，日常运行成本及经费来源如何？

国有企业性质，自己管理。属于自来水公司，财务核算都属自来水公司。不做成本核算，不以盈利为目的。设备、维修经费可以随时申请。由于费用全部由自来水公司供应，没进行过运营成本方面的核算。

调研中，受访人对于接受我们的访问表现出很大的热情，不仅一一回答了上述问题，而且特别强调了他自己认为比较重要的几个问题，见专栏6-3。

专栏6-3：B市污水处理厂访谈记录（续）

访谈中受访人主动提供的他认为较重要的信息（基本为原话）：

污水厂不可抗拒的有几件事情：

污水厂本身不产污水，都是外来的。厂设定值22.5万吨/日，但冬季经常30多万。曾经因为实在处理不了，出口多排了要被罚10万，觉得冤枉。我处理不了又不能储存，应该怎么办？实际运行到25万吨，已经违反操作规程了。

设备坏了，如堵塞，维修就不可避免的要漏水。在冬季，半个月左右就要人工疏通管道。掏一次至少1个多小时。目前还没法设备改造。

水质问题。B市水酸碱度超标，设备一堵，pH报警失控，酸碱物质就进去了，菌死了就不能用了。重新培养要很久（冬季/夏季）。只有pH报警，所以目前只能判断是酸碱度而不是其他因素导致菌死亡。去年这种情况发生过，今年还没有。如果报警就关闭设备，让污水外排到河里，同时报告环保局，但基本上得不到及时处理。原因就是工厂偷排，通常后半夜排。报一次警，就要有半小时到一小时污水直接排到河里。pH报警平均一周就会出现隔一小时左右报警一次的现象。污水厂觉得如果都算自己的责任很冤枉，排污的工厂应该加强处理。

每年夏季都有一次大检修，设备停运2个月。所有冬季运行不了的都要修。需要排空才能维修。我们目前有块地，向里面排。

B市是山城，烧煤，炉灰排尘，全进入下水流入污水处理厂。炉灰很细，堵塞设备，对污水处理厂伤害很大。污水处理厂本来是够用的，但雨水、冬季供暖漏水等都进来就不够用了。在雨季和冬季经常超负荷运转。

污水处理厂有个配套的填埋厂用来处理污泥，设计都达标了。原来设计10年，但泥沙太多，估计5年就满了。

污水处理厂归属自来水公司，自己不管钱也不管成本。不管什么条件下绝对不停产，资金保证供应，尽力处理污水。设备运行率80%，运行天数80%，95%达标率，如果不出现设备故障或水质等特殊情况是可以保证的。2006年日处理15～16万吨，还不满负荷，因为还有几个沟没截。目前截了14个沟，还有1个沟达标了。

目前自己没核算过成本。投资不算，运行维护费都不算，没有财务，需要多少钱就报。入口出口流量每天测，出口两次，入口一天一次。出口COD两次，入口COD一次。水质有问题的时候早中晚各一次，准备安装自动监测设备。自认为监测数据没问题。雨季、夏季、冬季差别很大。入口COD浓度为200mg/L多。

根据对B市城市污水处理厂的调研可以得出如下结论：

（1）现有的污水处理能力满足不了需求。B市污水处理厂目前的处理能力为22.5万吨/日，根据受访人提供的信息，有2/3的时间在超负荷运转。这一说法基本得到了监测信息的核实，污水处理厂的进水量经常超过其处理能力，特别是在第4季度，几乎80%的时间为超负荷运转，如图6-4所示。

（2）诸多因素导致污水处理厂的运行不稳定。首先是下雨期间和冬季供暖的漏水导致进水量突然增大，多数时间实际处理量在25～26万吨/日（设计满负荷为22.5万吨/日），超限运行时就会出现“跑水”现象，即不经处理直接排入河里。这主要反映出城市管网建设的落后，一方面缺乏雨污分流的管网系统，另一方面，城市供水系统的管网老化也对污水处理形成了压力，在冬天，由于供暖的漏水导致污水处理厂每天入水流量增加7～8万吨，几乎占了当天进水量的1/3。

其次是进水水质影响，目前只能检测到是进水酸碱度的影响。该厂设计的正常进水pH值为6.5～8.5，当pH值低于6.5或高于8.5时，就会影响生物菌活性，使得用于降解污染物的菌类死亡或活性降

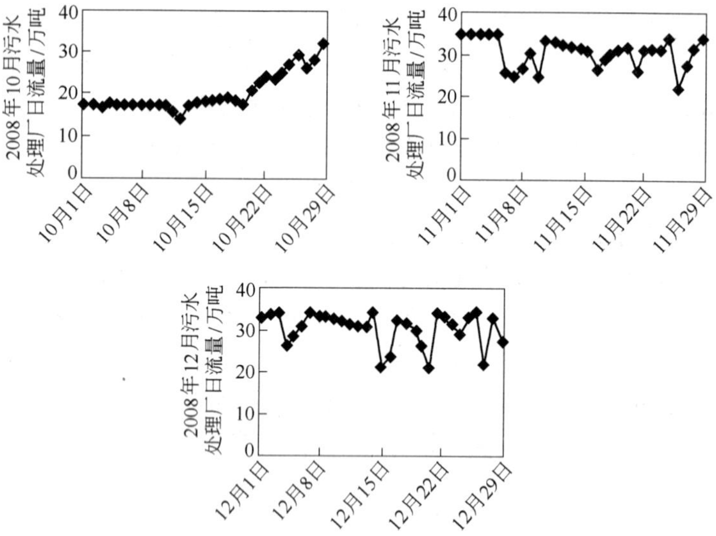

图 6-4　B 市污水处理厂 2008 年第 4 季度日处理量

低。如果超标处理不及时，只能不经处理直接向河里排放污水。根据进一步了解，造成水体 pH 值大幅度变化的污染源主要是铜铝企业、小的镀锌厂。这些源通常在后半夜偷排，几乎一周一次。且偷排行为主要为瞬时排放，监测到了污水也已经排完了。

再次是污水中太多杂物导致设备堵塞，不得不停运检修，而在检修期间污水只能直排进入河里。导致堵塞的主要是各类随污水进入的生活垃圾，有大量的竹签。通常 B 市污水处理厂每年停产检修一次，一般在夏季，大约用两个月的时间。但是根据获得的数据显示，该市 2008 年污水处理厂基本全年都有运行，没有长时间的停运检修。

（3）在目前的运营模式下，运营成本基本不是问题。尽管本次调研没有得到关于该市污水处理费征收标准和征收范围的信息，但是通过访谈可以看出：该市的污水处理厂运营成本基本不是问题，造成污水处理厂停运或非正常运行的主要原因是水量、水质等技术因素。该市的污水处理厂归自来水厂管理，属国有企业性质，污水处理费与自来水费一起征收，因此只要用水的家庭几乎都要缴纳污水处理费，征收的范围几乎为100%，而城市污水集中处理率却不是100%，假定所有征收的污水处理费都被用于污水处理厂的运营的话，可用于处理每吨生活污水的资金应该是高于污水处理费率的。全国的情况也基本如此。

（4）污水处理厂是城市污水排放的最末端，它自身难以对排放的前端进行有效的控制。根据上面的访谈，有几个方面令污水处理厂相关人员感到“无奈”：一是处理厂对于进水只能“来者不拒”，而一旦来多了处理不了，自己也要受到惩罚；二是对于来水的水质无法控制，而来水水质太差却会影响到污水处理厂的运营。

受访时，B市正在创建国家环保模范城市和国家生态市，可以说，B市可以作为我国积极谋求建设环境友好型城市的典型代表。根据作者的了解，该市从政府到公众对于环境保护都具有较高的意识。从城市污水处理厂的调研中也可以看到，已建成的城市污水处理厂几乎是不计成本不遗余力地运转，但是仍需在以下方面加以改进：

（1）新的污水处理能力建设和下水管网的完善。新的污水处理能力建设和下水管网的完善应当是相辅相成的。从调研中可以看到，B市目前的处理能力缺口为7～8万吨/日，但该缺口形成的最本质原因就是雨污没有分流以及供暖系统管道的跑漏。因此，如果能够完善这两个方面的管网建设，现有的处理能力是基本满足需求的。

（2）对企业排污的监管，预处理要求和杜绝偷排现象。目前该市对于排入污水处理厂的工业废水没有预处理要求，同时企业为了少交排污费，存在偷排现象，严重影响处理厂的正常运行。

（3）对部分污水处理设备的改进。根据环境工程知识，污水处理厂存在堵塞现象，主要问题应该出在格栅设备上。如果不能杜绝或减少污水中夹带的生活垃圾，那么应当对格栅设备进行改造，例如增加一级格栅。

另外，根据受访人介绍，前些年污水处理厂每年停运检修的时间为两个多月，根据作者获得的数据计算出该污水处理厂日均进水量为176916 m^3，进水COD浓度为233mg/L，出水COD平均浓度为43mg/L，那么由于停运检修，两个月内这些污水都要直排进入水体，比污水处理厂正常运行时多排放的 COD 为 2017 吨[1]，这已经远远超过该市的第三大重点工业排放源的年排放量了（见表 6-6）。根据本书获得的 2008 年数据，由于创模和创建国家生态市的需要，该年污水处理厂运行状况良好，但仍有 24 天的监测数据为空白，也就是说这 24 天污水处理厂可能处于停运状态，多排放的 COD 为 809 吨，也相当于该市一个大的污染源。以上分析还只是污水处理厂不正常运行情况下额外排放的 COD。按照该市的进水量和 COD 出水浓度，即便全年 365 天正常运行，每年排放的 COD 总量也有 2777 吨，几乎与第二大重点排放源持平。算上不正常运行多排放的量，将超过第二大重点排放源。如果说市民通过缴纳污水处理费在一定程度上内化了其排放生活污水的外部关系的话，那么收纳污水处理费的污水处理厂则应当承担起消除环境效应的责任，污水处理厂的不正常运行甚至是停运所导致的污染物排放，责任主要在城镇污水处理厂，或者说是污水处理厂所代表的市政府。因此，在增强污水处理厂处理能力的同时，也应当大力加强污水处理厂的监管，使其全年正常运行。

表 6-6 B 市 COD 重点排放源的排放量

重点污染源	排放量/t	占排放总量/%
某钢铁（集团）股份有限公司	5620.51	44.63
某钢铁（集团）有限责任公司	2893.00	22.97
某制药有限公司	1204.00	9.56

6.4 问题构建：外部性属性识别

6.4.1 环境效应

图 6-5 显示了典型城市的污水排放系统。城市供水主要用于生产和生活两大部门，生产排放的污水部分经过处理直接排入河流，部分进入城市污水收集系统，进入污水处理系统后再排入天然水体，生活

[1] 两个月停运多排的 COD 量 = $176916\times(233-43)\div10^{6}\times60=2017$t，后面的计算类似。

污水部分直接进入河流，部分进入城市污水处理系统。因此若将城市看成一个开放的系统，它有3个排污口向天然水体排污，一个是生产污水，一个是生活污水，还有一个是城市污水处理厂的排污口。目前对于第一个排污口主要依靠排放标准来控制。随着城市污水收集系统的完善，第二个排污口也越来越小，并将小到对于水环境而言微不足道的程度。与此同时，第三个排污口，也就是城市污水处理系统的排污口越来越大，成为影响水环境质量的最重要因素。

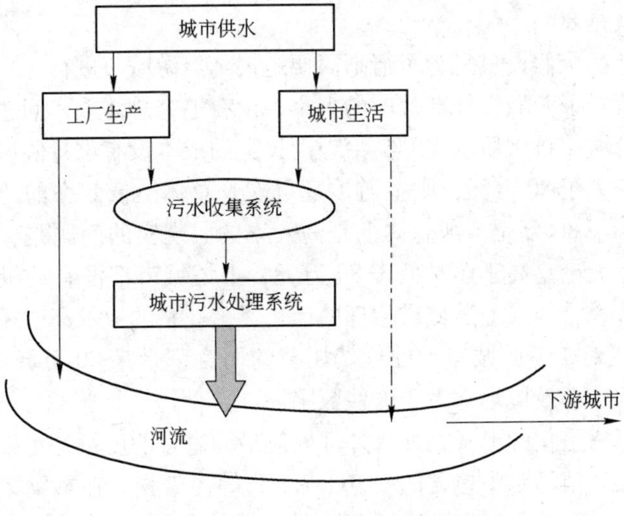

图6-5 城市污水排放系统示意图

图6-5还揭示了另外一个问题：某城市排放的出水将流向下游城市，同时该城市的供水水源也主要来源于上游城市。假若A、B、C三个分别处于上、中、下游的城市，B城市要花多少成本以保证其供水安全主要取决于A城市的出水水质，而C城市水源的水质和为提供安全用水而支付的成本则主要取决于B城市的出水水质。也就是说，每个城市污水处理系统排污口水质良好的直接受益者都是下游城市，水质恶劣的受害者也是下游，而自身的利益主要取决于上游出水水质。因此，城市污水处理厂具有明显的跨区域外部性。

为了揭示城市污水处理厂外部性的大小，现在假设一组数据：在现有技术条件下，若要将图中所示河流的水质从劣Ⅴ类治理到Ⅲ类的费用为100万元，而从Ⅳ类治理到Ⅲ类的费用为20万元，则：

（1）若上游城市不进行水污染治理，排出的劣Ⅴ类水进入下游城市，而下游城市为了取水安全则必须投入100万元进行污染治理，以使水质达到Ⅲ类；

（2）若上游城市进行适当的水污染治理，排出的Ⅳ类水进入下游城市，下游城市仍然将水治理到Ⅲ类，需投入20万元，比先前少投入了80万元，此时，上游城市进行污水处理对下游城市产生的正外部效应就是80万元。

以上两个假设只是为了清晰简便地揭示上游城市进行污水处理方面的决策对下游城市外部效应的大小，没有追究总体效率问题，所以对于上游城市将水质从劣Ⅴ类治理到Ⅳ类的成本没有进行假设。这部分成本若大于80万元，则上游治理可能是总体上低效率的，若这部分成本小于80万元，则总体上是高效率的。现实的问题是，如果没有要求，无论是高于还是低于80万元，上游城市都没有动机进行治理，或者说，如果上游城市治理的话，无论花费的成本高于还是低于80万元，对于下游城市的处理费用节约而言都带来80万元的减少。现实中的外部效应远远大于这些数字。

除了货币化的形式之外，外部效应最为直接的度量是污染物的排放量，如生活污水中包含的COD、N、P等污染物。在本章案例部分的分析中，对两个城市的生活污水排入水体中的COD总量进行了估算，其中W市约为9000吨，B市约为2700吨。除去水体通过自净（实际上大部分水体已经基本丧失了自净能力）去除了一定量的污染物外，流入下游的污染物就是外部效应的大小。

综合上述分析，在目前的制度安排下，上游城市的污水处理厂对于下游城市是具有正的外部效应的，与之对应的是水污染的影响通常具有区域或流域性的负外部效应，外部效应的大小等于进行污水处理而给下游城市带来的成本节约，或等于不进行污水处理给下游城市带来的成本增加。在时间尺度上，若仅从人类饮水安全考虑并考虑水体的自净能力，水污染属于代内外部性，但是，从生物多样性的角度考虑的话，严重的水污染将导致水体生态系统的衰退甚至崩溃，从而带来许多珍稀物种的灭绝，因此，一定程度上也属于代际外部性。

在本书的第3章中，从信息的角度论述了外部性和“偷懒”行为之间的逻辑关系，这里再简单加以归纳：一方面，一些“天然的”障碍导致了信息不完备和不对称，引发一些外部性问题；另一方面，由于外部性的存在，从外部关系中受益的主体为了保持其获得额外利益的优势地位，可能故意隐藏信息，人为设置导致信息不对称的障碍，而这些主体获得外部收益的方式可能就是“偷懒”，如超标排污。那么循着这个逻辑，现实中的一些现象也就可以作为外部性存在的一种佐证。在城镇污水处理中，“偷懒”的行为主要表现在污水处理厂以及城市污水管网建设的落后方面。

以淮河流域为例，“九五”和“十五”两个5年规划中污水处理工程的完成情况在所有项目中的完成情况是最差的。“九五”期间计划全流域建设城市污水处理厂59座，但截至2000年末，实际只建成12座，有32座在建，12座尚未动工。“九五”期间各省建设情况如表6-7所示。“十五”期间计划建设污水处理厂161个，投资148.9亿元，但是截至2005年底，建成项目只有65个，有32个项目没有动工，占未动工项目总数的55%（共有58个项目未动工），加上在建的污水处理厂项目，投资完成率也仅有58.8%。污水处理规模410万吨/日，城镇污水处理率不足50%。部分已建成的污水处理厂，由于管网不配套等原因，不能正常发挥环境效益。

表6-7 淮河流域“九五”城市污水处理厂建设情况

省 份	项目总数	已完成项目数	在建项目数	未动工项目数
河 南	11	5	5	1
安 徽	18	0	10	8
山 东	12	3	9	0
江 苏	18	4	8	6
合 计	59	12	32	15

6.4.2 外部关系

污水并不是由污水处理厂本身所产生，而是由城市分散的企业、家庭汇集进入污水处理厂，上游城市出水水质影响的也是下游城市分散的企业和家庭。因此，城市污水的外部性的作用主体是上下游城市的居民和企业，属于“多对多”的类型。在这种情况下，即便具有非常明确的产权，假定法律赋予下游居民享有享受清洁水的权利，但是由于主体过于分散，每个居民或企业都要与上游的多个居民和企业进行谈判，而精确计算出谁受多大影响、蒙受多少损失几乎是不可能完成的事情。也就是说，即使在产权明确的情况下，巨大的交易费用也将阻碍交易的自发进行，况且产权的界定未必是那么容易的事情。

但是城镇污水的排放主体与普通“多对多”型外部性又有一定的区别：虽然城镇污水排放的主体是分散的，但是这些分散的主体又是相对集中的，因为他们不是直接排向天然水体，而是先排入集中的污水处理厂，经过一定程度的处理后，再集中排放进入天然水体。由于城镇居民缴纳了一定的污水处理费，也就相当于承担了现有政策体系对他们要求的基本责任。城镇污水的管理政策对于污水的实际排放者——城镇居民而言，主要就是关于污水处理费的征收，就目前来看，居民缴纳的污水处理费是足够污水处理的成本的。因此，进一步的政策所针对的主要对象就是城镇污水处理厂。这样，就把原本比较复杂的外部关系简化了。

城市污水外部性的方向主要是单向的，上游输出下游输入。从城市的层次而言，绝大部分城市的上下游位置都是相对的，既是外部效应的输出者，又是外部效应的输入者。从行为主体的层次而言，排放的主体主要为分散的城市家庭，从表现出来的结果看，城市家庭主要是外部效应的输出者，但是城市家庭的饮水质量也受到上游城市来水的影响。

6.5 政策设计

由于城镇污水已经是一类较为明确的问题，因此政策设计中不再像工业点源一样将其细分为不同行业，无需进行优先性排列。政策设计的内容包括管理体制和政策手段，且重点针对的对象是城镇污水处理厂。

6.5.1 管理体制：中央政府主导

城市污水排放的外部性作用主体的分散决定了界定责任（产权）

并使主体间达成交易的成本极高，要解决此类外部性，作用主体之间的交易已经不可行。每个城市都必须由一个代表城市所有居民和企业的单位与上下游城市进行谈判，这个单位理所当然应当是城市政府。但是，尽管如此，交易仍未必达成。因为每个城市都同时既有上游和下游的属性，它是一个城市的上游但同时也是另一个城市的下游。因此，每个城市政府又最少必须和另外两个城市政府进行谈判，如此循环，必定导致相互扯皮、推诿的现象发生。在信息不对称或上游城市缺乏合作精神的情况下，将导致下游各城市都只花费巨资专注于供水的处理，而忽视或无力对出水进行较好的处理。

根据上文的分析，城镇污水的排放属于跨区域、兼具代内和代际、多对多、单向的外部性，由城市政府负主要责任的管理体制可能是无法有效地解决城市污水问题的，需要一个能够代表所有相关城市的单位来负责，无疑，这个单位应当是更高一级的省或中央政府。本书主要着眼于跨省的大流域，因此主张由中央政府主导。中央政府主导的城镇污水处理管理体制包含几个方面：一是最为重要的末端控制手段——城市污水处理厂建设的投资；二是对污水处理厂运行状况的监管；三是对居民生活污水排放前端的引导。

首先，前文已经分析过城市污水处理企业的盈利能力，基本是“保本微利”，难以吸引私有资金的进入，这是其市场化的最大挑战。虽然同属于公共物品，但是地方政府往往更加愿意在城市绿化、公共交通等领域投入更多资金，而较少用于污水处理厂的建设。城市绿化、城市公共交通等设施主要为本地居民享受，它们更像“俱乐部”性质的公共物品。而城市污水处理的受益者却更多是下游居民，公共属性更加广泛。因此地方政府并没有多少投资热情，中央财政应该在污水处理厂建设方面发挥杠杆的作用，即以最有效的投入比例吸引市场力量将污水处理厂建成并有效率地运转。手段可以有多种选择：较为简单的就是中央财政直接支出用于建设污水处理厂；更为理想的是利用中央财政建立一个专用于支持污水处理厂建设的基金，该基金既可以一定的比例直接投资污水处理厂建设，又可以为有实力的私人企业提供贷款或贷款担保。也可以为地方政府提供免息贷款，为私人或企业投资建设提供优惠性贷款，也可以用作奖励建设、运行状态好的污水处理厂，如减免贷款、直接奖励等。

从资金的时间成本角度考虑，该基金的建立也是有必要的。地方政府或者私有企业从长远的角度（10 年、30 年）来看，可能认识到建设污水处理厂将是收益大于成本的投资，例如可以为本地吸引投资，创造就业机会、污水处理费收入、环境改善的支付意愿等，之所以不建设的原因只是由于缺乏现金，有了专项基金以后，他们可以通过风险很低的贷款筹集到足够的初次投资，既达到了改善环境的目标，又实现了经济收益。中央专项基金为贷款提供利息补贴，这样也降低了地方政府或其他投资主体的资金成本。根据美国的经验，州周转基金提供的贷款平均利率低于市场利率的一半，可使污水处理项目节约 21% 的费用，被认为是美国历史上最成功的水质资助项目（刘晓佳，2005）。城镇污水处理厂的投资主要由国家出资，这即使在最发达的市场经济国家也是如此。例如美国《清洁水法》（Clean Water Act, 2008）的第 4 项政策目标明确规定：联邦财政支持公共污水处理工程建设是国家政策。美国污水处理厂的主要所有制形式也是公共所有制（public owned）。根据美国《清洁水法》（2008 年修订）的规定，1971 年 6 月 30 日至 1984 年 10 月 1 日之间建设的污水处理厂，联邦的投资不低于 75%，1984 年 10 月 1 日以后不低于 55%[1]。

其次，由于城市污水处理厂“把守”着城市污水入河前的最后一道关口，其出水状况直接影响到河流水质，这也使得对其出水的监管至关重要。目前的管理体制下，地方政府是污水处理厂建设和运营经费的出资主体，让他们来进行监管基本只能靠自觉，不具有约束性，他们既是运动员，也是裁判员。因此，中央政府应当主导污水处理厂出水水质的监管。

中央政府为鼓励污水处理事业适当的市场化，也需要利用其政策制定的权利使市场主体进入污水处理事业有利可图，包括制定水资源使用税、合理的污水处理费、赋予企业特许经营权等手段。但是无论何种运营方式，其选择的原则就是交易费用的最小化，这其中最重要的是对污水处理厂出水监管的成本。但是要对市场化的风险进行控

---

[1] 参见：Clean Water Act. SEC. 202［33 U. S. 1282］。

制。既然现在企业的偷排屡见不鲜，当城市污水处理厂私有化后它也将无异于市场中任何一家以盈利为目标的企业，那么它一定也存在偷排的动机。若城市污水处理厂也偷排的话，这无异于监守自盗，后果是很严重的。因此，本书认为，城市污水处理厂的市场化一定不能是完全的，市场化既缺乏盈利的吸引力，也存在巨大的环境风险。在一定程度上，可以通过优惠、补贴等手段调动私有资金的参与积极性，但一定要配以严格的监管措施。即便在市场经济发展较为成熟的欧美国家，城市污水处理厂都仍然主要是公用性质的企业或事业团体，私有化的比例很低。德国无论在水污染处理技术还是城市污水管理方面都是世界前列，其污水处理厂大部分为公共事业性质，其构成为：市政部门占21%（相当于我国的市政管理局），市政的公用事业占31%（相当于我国的事业单位性质），公共实体占15%，市政股份公司占4%（相当于我国的国有企业性质），合作性团体占16%（主要为非营利机构），公私合营企业9%，其他私有实体4%（K. U. Rudolph，2004）。

再次是污水排放前端的控制。城镇生活污水中包含大量的N、P等营养物质，主要来源是居民家庭的食物清洗、衣物洗涤、个人卫浴等。居民减少洗涤剂的使用，或使用含N、P更少的洗涤剂便可以减少污染物的产生量。双管齐下的政策措施：一方面是对洗涤卫浴用品生产厂商的措施，通过环境标准、绿色认证、媒体推广、补贴等手段促使企业提供环境友好的产品，如无磷洗涤剂、节水马桶等；另一方面，通过媒体宣传、社区教育等方式鼓励市民使用环境友好型产品。

综上，城镇污水处理厂的管理体制总体上应当为中央政府主导，包括基础建设的投资、排污许可证的发放、出水水质的监管等方面，管理体制的框架设计见表6-8。

表6-8 城镇污水处理厂的管理体制框架设计

项目	主 体	机制/手段	进一步说明
投资	中央政府	专项基金：直接投资、补贴、杠杆机制	可建立由环保部、财政部、建设部等部门组成的基金管理委员会
运营	地方环保部门、市场主体	委托代理、BOT、TOT	

续表 6-8

项目	主 体	机制/手段	进一步说明
监管	中央政府（环保部）	可核查的监测机制、对责任人的问责机制	

6.5.2 政策手段

城镇生活污水主要为厨房、浴室、厕所等场所排放的污水和污染物，对应的居民行为主要有：果蔬和其他食物的清洗、衣物洗涤、个人洗浴、粪尿冲洗等。政策设计的首要目标是去除有害的环境效应，具体而言就是减少生活污水 COD、N、P 等污染物的入河量。这主要可以通过两个途径实现：一是源头的控制，减少污染物的产生量；二是末端的治理，即通过污水处理厂去除已经产生的污染物。尽管污染物的去除是主要目标，但是通过上文 W 和 B 的两个案例可以知道，生活污水的排放量与污水处理厂的运行状况也直接相关，水量超过一定的负荷后就影响出水的水质，因此，节水也是一方面。

根据前文对环境外部性的二分法（环境效应和外部关系）定义，内部化也相应地可以区分为形式上的内部化和实质的内部化，形式上的内部化指的是外部关系被内化，而实质的内部化是在内化外部关系的同时，消除环境效应。对于城市污水处理而言，征收污水处理费可以说就是在一定程度上内化外部关系，实现了形式上的内部化，而污水处理厂将所获得的污水处理费用于去除污染物并达标排放后，才相应地实现了同等程度的实质的内部化。去除环境效应需要直接依赖于一些具体措施、技术或工程，通常是客观上采取的科学行为，内化外部关系则主要依靠政策来调整主体之间的关系，政策手段可以说是一个载体，通过调整主体之间的关系促进或减少一些行为的发生。表6-9展示了城镇生活污水管理政策手段组合的基本框架。

首先，在源头控制上，主要通过节约用水和洗涤用品的改进两种途径。一方面，可以通过递进式的水价和污水处理费，对节水型卫生、厨房、洗浴等产品进行补贴，通过节水型宣传和教育等手段促进和引导城市家庭节约用水。另一方面，可以通过制定洗涤产品 N、P 含量标准，对环境友好型洗涤产品进行补贴，宣传教育等手段促进环境友好型洗涤用品的生产和消费。

其次，由于生活用水需求的刚性，末端治理仍然是最主要的措施，这主要依赖于城市污水处理厂对污染物的去除。污水处理厂及配套管网的建设主要依靠中央财政建立的专项基金投资或吸引，根据目前主要城市的污水处理费收费水平，污水处理厂的运营经费基本没有问题。出水的监管是对运行质量的检验和核查，由于大部分污水处理厂的公有性质，对出水水质的监管不能仅靠罚款来解决，罚款实际上是减少了污水处理厂的运行经费，可能导致情况更糟，虽然监测的对象是水质，但相应的处罚应当落实到相关的责任人。

表 6-9　城镇生活污水管理的政策手段

项　目	消除效应：途径/措施	内化关系：政策手段
源头控制	节约用水	递进式水价和污水处理费 补贴节水型卫、厨、浴产品 利用媒体、社区教育等形式倡导居民节水
	环境友好的洗涤用品	制定洗涤产品标准 补贴环境友好型产品 宣传教育
末端治理	污水处理厂及管网建设 污水处理厂运营 污水处理厂出水监管	中央专项基金 征收污水处理费 排污许可证

特别地，在污水处理厂建设的规模选择上，在保证足够的处理能力前提下，要尽可能实现单位处理成本的最小化，其中管网建设的成本也应当计算在总成本之中。以 C_1 表示管网建设的费用；以 C_2 表示污水处理厂建设的费用；以 C_3 表示处理单位污水的运营费用；N 表示处理厂及管网的使用年限；M 表示污水处理厂的日处理能力；r 表示预计净残值率（即到第 N 年末污水处理厂不再使用后的剩余的价值与初始价值的比例）。那么，以平均年限法对管网等基础设施进行折旧，处理单位污水的全成本 T_c 为：

$$T_c = \frac{(C_1 + C_2)(1 - r)}{365NM} + C_3$$

目前讨论较多的是大规模的集中型城镇污水处理厂，实际上如果考虑全成本的话，分散式的小规模污水处理厂在某些情况下也不应该排除在考虑之外。在一些发达国家，小型城镇污水处理厂是大型城镇污水处理厂的有力补充。“大”和“小”的概念是相对的，没有绝对的区分，小型污水处理厂一般是以社区为基础的，大型处理厂则以整个城镇或者部分城区为其污水的收集对象。在韩国，规定日处理量在 $50 \sim 500m^3$ 的污水处理厂为小型，这样的污水处理厂仅在2004年就新增了472座，对于韩国整体水质的改善起到了非常重要的作用（李秉浩、周律、张雪辉，2008）。在美国，仍然约有1/4的人口和1/3的新建社区在使用小型污水处理设施，这种相对简易的分散处理系统仍然被当局视为相当重要的污水管理手段之一（Chen Jin-ming，2004）。美国的小型污水处理厂的管理模式主要有5种，分别为：（1）屋主自觉制；（2）保养合约制；（3）操作准许制；（4）管理实体负责操作和保养制；（5）管理实体所有权制（USEPA，2003）。

我国在小型污水处理厂方面也已经有可以投产的技术，如地埋式小型污水处理厂。小型污水处理厂有几方面的优点：最为重要的优点就是基础建设费用较低。由于污水处理厂建在社区，不需要铺设长距离的管网，只需适当延长居民家庭的出水管道。如果采用地埋式，基本不需要额外的土地。其次，由于社区的规模、居住人数通常较为稳定，因此水量波动较小，有利于处理工艺的稳定运行。再次，出水的回用方便，可以直接用于小区内绿地的喷灌和其他景观。当然，大型污水处理厂存在的投资、运行、监管等问题也同样存在于小型污水处理厂。总之，城镇污水处理厂的建设规模应当考虑全成本的最小化，采取集中处理与分散处理结合：即以大规模的城市污水处理厂为主，辅助小区式的污水处理设施。

关于污水处理厂出水的监管问题，本书第5章中的排污许可证制度同样适用于城镇污水处理厂的管理，即把城镇污水处理厂也当做一个大污染源来对待。但是，城镇污水处理厂毕竟具有与一般污染源不同的特性，因为它本身并不是污染物的制造者，实际的污染制造者是居民和一部分企业，污水处理费相当于一个合约，将居民和部分企业的污染治理责任转嫁给污水处理厂。污水处理厂和普通工业企业的生产是逆向的，普通企业是将清洁的水作为生产原料，污水是其副产品，污水处理厂加工的对象则是污水，产品是较为清洁的水。污水处理厂实际上是一个生活污染物的集中处理场所，如果对其监管不力，后果可能是它变成一个污染物集中排放场所，对水体造成的影响可能比居民分散直接排入水体更大。因此除了与一般企业的监管一样，通过在线监测、环境会计、环境审计等手段对城镇污水处理厂的出水进行监管外，还应当采取更加严厉的惩罚措施。对于大部分以公用事业形式运营的污水处理厂而言，其运行经费主要来自拨款，因此如若采取超标罚款的措施，无异于将政府的钱从左边口袋放到右边口袋，起不到惩罚的作用，反而会由于经费缩减导致运行状况的恶化。本书认为，对于城市污水处理厂的惩罚措施应当主要针对重要的责任人。因此，城镇污水处理厂的许可证发放方式可以是中央政府直接将许可证发放给城市（以市长为城市代理人），将城镇污水处理厂的运行状况纳入对市长的考核范围。

7 农业面源污染防治政策设计

农业面源的特点就是高度分散，而且外部性的施体是农民这个特殊群体，之所以特殊是因为我国农村的发展水平普遍偏低，农民的经济地位在整体经济结构中处于弱势，他们饱受工业污染的毒害，同时自己也在排放着污染。在我国的传统中，农业大部分时候是与自然和谐的，基本不会导致大的环境问题，这主要由于古代人口不如现在多，并且传统的耕作方式主要依靠劳动力的投入而不是化学合成物质的投入。因此，即使到今天，很多农民也基本意识不到自己的环境不友好行为，他们痛恨环境污染，但是却把罪状基本都归在工业污染上。因此，农村污染的外部性问题是一种分散且无意识的行为。环境影响巨大，而且方向复杂，农民自己也成为直接的受害者，大量的营养元素进入湖泊造成水体的富营养化，严重时甚至造成社会问题。

7.1 现状分析和问题识别

农业发展部门和环境保护部门是我国农业面源污染控制的两大主体，两个部门的政策共同形成农业面源污染控制的政策环境。

7.1.1 理解农业污染的特殊性

首先，从排放和经济特征来看，农业污染与工业污染有显著的不同。从排放特征来看，工业污染主要为点源式集中排放，而农业污染则通常是无序的面源式分散排放。从经济特征来看，工业生产过程排放的是生产末端所产生的废物，而农业生产过程中排放的则多为生产原料（如农药、化肥等），因此工业企业的排放污染造成了负外部性，而农业排放污染既对社会造成了负的外部性，同时其自身利益也有损失。这两方面的不同，决定了治理的措施也应当不同。要破解农业污染治理难题，首先必须充分认识到我国农业生产的两个最基本特征。

(1) 我国农业具有高度的自由、分散式经营特点。1982 年正式确立家庭联产承包责任制以来，我国农民获得了自由经营权，农民在选择种植品种、种植投入（农药、化肥等）等方面主要是独立决策。同时由于我国人多地少，单个家庭的经营规模很小，农民组织化程度低，集体意识较弱。例如在喷洒杀虫剂时，农民各自为战，害虫可以轻易地迁徙到没有喷药或者毒性已过期的地块，这导致了农药的低效率使用。

(2) 我国务农人口老龄化，接受新技术新观念的意愿和能力较弱。目前在我国农村地区从事农业生产的绝大部分为老人，大量青壮年、接受过一定教育的人群进城务工。根据作者 2010 年对河北、江苏、安徽、湖南、江西、湖北 6 省 200 多个农户的一项调查，受调查者平均年龄为 50.8 岁，平均受教育年限为 2.4 年。这部分人群对于农业新技术的接受和运用能力较弱，环保意识较低，固守所谓“种卫生田”的观念，大量使用化肥、农药。

其次，我国在农业污染治理方面存在一定的制度困境。一方面，基于保障国家粮食安全、促进农民增收的现实追求，农业发展政策在一定程度上鼓励了农民的污染行为。

近年来，“三农”一直是中央政策关注的重点。自 2004 年以来，中央连续 7 年将“1 号文件”聚焦在“三农”问题上，其中最核心的目标就是保证农民增收和粮食增产，所有的农业发展政策、涉农政策都应当服务或服从于这个目标，这也应当是农业面源污染控制政策设计的基本出发点。

为了实现增产和增收目标，在短期难以改变耕作技术的条件下，化肥的大量投入则不可避免。中国政府从化肥的供给和需求两个方面都给予了激励。一方面，自 2004 年开始，为了应对化肥价格的上涨，中国政府开始使用化肥限价政策，直到 2009 年受金融危机的影响，该政策才被取消。另一方面，自 2006 年开始，由中央财政设立农资综合补贴，以应对柴油、化肥等价格上涨所带来的农业生产成本上升。尽管对于这些补贴是否具有直接影响农民化肥使用量的作用仍然存在较多争论，而且补贴发放的方式也不是直接针对化肥的使用量，而是与其他农用原料一起按照种植面积进行发放。但是自2004年开始，至2010年，中国粮食产量实现了7年连续增产，这表明在“1号文件”框架下实施的农业补贴政策至少在增产方面取得了较好的效果，而在这些农业补贴之中，与化肥使用最为相关的农资综合补贴占据的份额最大，增长的幅度也最大（见表7-1）。与此同时，化肥的使用量也相应增加，且增加的幅度有超过粮食增产幅度的趋势。

表7-1 中国近年来农业补贴、化肥施用及粮食产量状况

年份	补贴额度/亿元				粮食产量/万吨	化肥使用量/万吨
	粮食直补	农资直补	良种	农机购置		
2004	116	0	28.5	0.7	46946.9	4636.6
2005	132	0	38.7	3	48402.2	4766.2
2006	142	120	41	6	49747.9	4927.7
2007	151	276	55.7	20	50160.3	5107.8
2008	151	482	120.7	40	52870.9	5239.0
2009	151	716	198.1	130	53082.1	5404.4

在政策的激励下，农民倾向于大量使用化肥，而疏于精耕细作。作者在河南省进行了一项关于农业面源污染的农户调查，调查地区主要作物冬季为小麦，夏季为玉米。在回收的885份问卷中，12.2%的农户全部施用化肥，74.6%的农户主要施用化肥，使用少部分农家肥，只有7%左右的农户以有机肥为主要肥料。61.6%的农户认为影响其化肥施用量的首要因素是化肥价格，也就是说农民普遍认为化肥价格偏低。缺乏对化肥施用技术的指导，也使得化肥利用效率极低，调查中只有2.4%的农户经常接受农药、化肥施用的指导，22.4%偶尔接受，其余超过75%几乎没有接受过指导。

中国具有世界上最庞大的人口，粮食安全和数亿农民的增收一直具有重要的战略地位。2008年国家发改委发布了中国首个《中长期粮食安全规划纲要》，纲要要求中国的粮食产量将达到54000万吨，粮食自给率达到95%。而另一个事实是2008年城乡收入差距再创新高，城乡收入差距扩大到3.36∶1，绝对收入差异首次突破万元。因此可以说，以增产增收为目标、以补贴为主要手段的农业发展政策在一定程度上鼓励了农业污染行为，但是这种制度安排在一定时期内却具有合理性。

另一方面，我国现行的环保政策在农村存在较大的缺失。

中国的农业面源污染无论从管理策略还是制度建设上都长期被忽视。在传统的“八项制度”中，环评、三同时主要针对新、改、扩建项目的预防；排污收费主要针对工业污染源；限期治理主要针对超标严重的工业污染源；城市环境综合整治定量考核制度和环保目标责任制主要是对城市区域环境质量的考核；集中控制制度主要用于城市污染控制，如垃圾、生活污水等；许可证制度也是针对工业大点源。

我国与水环境保护相关的法律也缺少对农村环境和农业污染的关注。《水污染防治法》（2008）的第47~51条是关于农业和农村水污染防治的规定，尽管规定要“控制化肥和农药的过量使用”，但除了对水源地略有相关的法律责任规定外，缺乏具体的实施措施。《水法》（2002）主要目标是水资源保护以及合理分配，除对围湖造地行为有所限制外，对农业和农村方面没有特别的规定。《水土保持法》（1991）主要目标为预防水土流失，注重对相关林地、草地的种植和保护。《淮河流域水污染防治暂行条例》（1995）是目前为止唯一的流域水污染防治条例，该条例的主要目标就是实现工业污染源的达标排放，基本没有涉及农业面源污染控制。

尽管近年来国家采取了一些措施用于农村环境治理，例如2008年中央财政安排5亿元农村环保专项资金，主要用于支持农村饮用水水源地保护、生活污水和垃圾处理、畜禽养殖污染和历史遗留的农村工矿污染治理、农业面源污染和土壤污染防治等与村庄环境质量改善密切相关的整治措施。但这些措施一方面本身杯水车薪，另一方面尚未完全制度化。

7.1.2 积极有效的探索

尽管我国的农业面源污染控制任重而道远，但我们在寻求农业发展和环境保护双赢的探索中已经获得一些积极的成效，这些探索可成为将来农业环保政策一体化的具体抓手。

（1）测土配方施肥：减少化肥，增加产量。作为实施“1号文件”的一项具体措施，测土配方施肥受到广泛的关注和好评，并取得了较好的效果，2005年该项目实施后减少了不合理施肥240多万吨（杨帆，2006），在减少化肥使用量的同时，实现粮食作物平均增收5%，经济作物平均增收10%（张华，2005）。该项目在农业部的推动下得到迅速发展，2005年投资2亿元，设立200个项目县；2006年投资5亿元，项目县增加到600个；2007年投资9亿元，项目县总数达到了1200个；2008年投资11.5亿元，项目县增加到1861个，覆盖了全国三分之二以上的农业县（杨益花，2009）。随着项目的推广，对于减少化肥使用的贡献将逐步扩大。

（2）环境友好型农业：发展与保护的双赢。作为主流环境政策的补充，“国家环境优美乡镇”和“国家级生态村”这两项鼓励性政策的对象是农村地区。26个指标被用于优美乡镇的考核，其中社会经济6个，城镇建成区环境11个，辖区生态环境9个；15个指标被用于生态村的考核，其中经济水平1个，环境卫生2个，污染控制3个，资源保护和利用4个，可持续发展4个，公众参与1个。本书所关注的指标见表7-2。

表7-2 国家级生态村部分考核指标

称 号	考核内容	指 标	标 准
优美乡镇	社会经济发展	农村饮用水达标率/%	≥90
	辖区生态环境	农林田网化率/%	≥70（南方） ≥85（北方）
		化肥使用强度/（kg/ha）	≤280
		主要农产品农药残留合格率/%	≥85
生态村	环境卫生	饮用水合格率/%	≥95
	可持续发展	无公害、绿色、有机农产品比例/%（种植面积）	≥ 50
		化肥使用强度	低于全县平均水平
		土壤有机质含量	逐年增加

从考核标准来看，其中最为重要的一项就是对环境友好型农业的指标要求，无公害、绿色或有机农业的种植面积比例必须不低于50%。这实际上是对于农业发展模式的要求。截至2008年3月，环境保护部分7批公布了被授予环境优美乡镇的629个乡镇和首批24个国家级生态村。本研究对24个国家级生态村的基本资料进行了搜索，发现尽管这些村庄地处全国不同地区，但是绝大多数在发展路径

上有一个共同的模式：这些村在 20 ~ 30 年前都非常贫困，为了摆脱贫困他们打破常规谋求跨越式发展，如发展生态农业、生态旅游等，并最终取得成功，由于该模式符合环境和经济的协调发展，村民不仅享受到很高的经济福利水平，当地的环境状况也较为优越，他们也因此而获得国家级生态村的荣誉。该模式可概括为“贫困-创新（发展生态农业、旅游业等）-富裕-环境经济双赢”。由此可见，环境友好型农业发展模式是解决“三农”问题和农业污染问题的较好途径。

综上所述，中国农业面源污染控制所面临的制度背景是：农业发展政策对于农民的农药、化肥施用量缺乏限制；主流的环境保护政策在农村问题上本身几乎没有关注，且必须受到农业发展政策的制约。中国农业面源污染的治理，不可能依靠环境保护政策的“突围”，更大程度上取决于农业发展政策和模式的转变。我国现有的一些探索，可能成为将来解决农业面源污染的重要途径。

7.1.3 存在的主要问题

所有工业污染面临的问题都同时困扰着农村的水污染控制，另外，鉴于其排放特征和排放主体的特殊性，农业面源污染控制还存在以下问题。

首先就是 7.1.1 节中所分析的双重困境问题，我国的农业发展政策以粮食增产、农民增收为最高目标，在一定程度上鼓励农民多用化肥和农药，这明显与水质保护的目标相悖。但是增产和增收的目标是不容改变的。而在农村水污染防治方面，环境政策却存在较大的真空。在此背景下，农村的环境保护急需破冰前行。

其次，农村环境管理机构设置上几乎是空白。中国环境管理体制最基层的执行组织是设在县级政府内的环保局及其他相关组织机构，这些机构也主要忙于执行工业污染控制方面的政策。有部分地方政府尝试在乡镇政府设立环保机构，但人员、能力远远不够（宋国君等，2009）。

再次，“靠山吃山、靠水吃水”已经植根于中国农民的意识当中，他们并不认为持续了几千年的农业耕种行为对环境有多大的影响，加之农民的受教育水平偏低，因此农民的整体环境保护意识较低。历史上，农民与自然环境总体上确实是和谐相处，“采菊东篱下，悠然见南山”就是这种和谐场景的写照。但是，现代农业的发展依靠大量化学用品的投入，农民对自然环境的破坏能力越来越强，农民的施肥、用药、大棚种植等行为已经对水环境造成了不可忽视的冲击。

7.2 问题构建：外部性属性识别

农业生产行为有三类不经济的问题：一是化肥和农药等农业投入不能完全被作物吸收，农民必须支付比实际需要更多的成本，这类问题主要由农民私人承担；二是化肥和农药成分的流失造成水体、大气、土壤等污染问题，这类问题具有空间上的外部性；三是农民对土地的过度利用，影响土地将来的产出效率，造成代际外部性（Griffin and Bromley，1982）。本章关注的主要是第二类外部性问题，即农民生产行为（适当扩大到生活行为）造成的水污染问题。

7.2.1 环境效应

最新的全国污染普查结果显示：农业面源污染物排放对水环境的影响较大，其化学需氧量排放量为1324.09万吨，占化学需氧量排放总量的43.7%。农业源也是总氮、总磷排放的主要来源，其排放量分别为270.46万吨和28.47万吨，分别占排放总量的57.2%和67.4%（文雯，2010）。

根据绿色和平组织的估算，中国施用的化肥中约有55%～75%的氮和75%～90%的磷没有被作物吸收。这些化肥的主要成分（氮和磷）成为水体中的主要污染物，造成水体的富营养化。我国的化肥使用量逐年攀升，已经成为世界上最大的化肥生产国和消费国。我国2004年化肥用量为4629万吨，超过世界总用量的1/3，按总播面积计算，全国平均氮肥施用量达167kg/hm^2，平均化肥施用量为400kg/hm^2，远远超过世界化肥施用的临界值（225kg/hm^2）（朱兆良等，2005）。据估算，2004年通过淋洗和径流损失分别有129.1万吨氮进入地表水，51.7万吨氮进入地下水，在每年进入长江和黄河的氮素中，分别有92%和88%来自农业，特别是化肥氮约占50%（朱兆良、David Norse、孙波，2006）。

我国在农药用量上也是高居世界第一，全国平均农药使用水平为12.73kg/hm^2（有效成分）（国家统计局中国环境统计专题组，2003），而农药的利用率只有10%～30%（段忠清，2004）。大量农药的不合理使用主要导致土壤、地下水、地表水和农产品的污染（林玉锁，2000）。农药使用对地表水的污染主要发生在水体施药、农田农药随雨水或灌溉水向水体的迁移、施药工具的清洗等环节。在较早的一些研究中表明，70.6%的河流被农药所污染；黄河三门峡到花园口河段的水体中“六六六”的检出率为100%（黄德琳、包菲，2008）。

我国畜禽养殖业在近些年得到了迅速的发展，但同时由于有机肥料的使用受到漠视，大量人畜粪尿从养分变成了污染源。尽管理论上讲一定规模的畜禽养殖场可以当做点源进行管理，但是由于缺乏关于畜禽养殖方面的环境政策，全国90%以上的畜禽养殖场没有配备污水处理系统和设备（朱兆良、David Norse、孙波，2006）。由于缺乏必要的处理，且由于化肥价格的偏低，近年来对于畜禽粪尿肥使用率降低，很多畜禽养殖场的畜禽粪便都未经处理而直接露天堆放，污染了附近水体（张国琴、于金莲，2008）。根据太湖流域的相关研究，畜禽排泄物对水体氮素和磷素非点源污染的相对贡献分别为28%和44%，人体排泄物分别占31%和24%，已成为引起水体富营养化氮、磷污染物的主要来源（邢光熹等，2001）。

农民的日常生活也产生一定数量的污水。在我国大部分农村地区，农民都是直接在村边的河、湖、溪等水体中直接洗涤衣物，洗涤用品中包含的磷直接进入水体。另外农民日常洗漱、炊饮等排放的污水也是直接进入水体或者地下水。农业面源污染对水体环境效应的大小取决于进入水体的污染物量，目前的统计和监测数据还难以衡量，但根据其他研究估算的结论，其造成的负效应越来越大。

7.2.2　外部关系

顾名思义，农业面源污染的外部性施体是农民。受体包含造成影响的当地农民，也包含下游地区的居民、渔民和企业。农业面源污染的去向主要有3部分：养分的挥发造成对大气环境的影响；对土壤结构的破坏；部分养分进入水体造成水质退化。本章主要关注对水质造成影响的部分。外部性的方向仍然与各主体在河流的相对位置息息相关。如图7-1所示，农村村落包含农民居住的村庄和农业生产的农田，村落的用水也受到上游来水污染的影响，村落排放的废水进入河流，对下游企业和居民的取水造成影响。因此，总体而言，农业面源污染的外部性属于“多对多”、多向、跨境的类型。

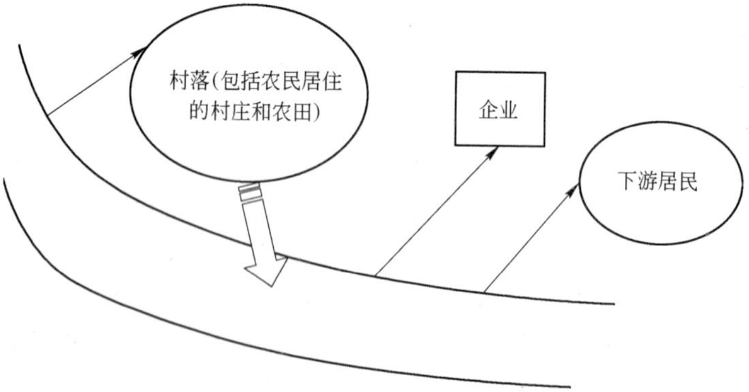

图7-1　农业面源外部性示意简图

从外部性的和交易费用的角度来看，农业面源具有几个显著的特点：首先是排污主体的高度分散，每个农民、每个农村家庭、每块田地都是一个污染源，排放极其无序；其次，在上述排放特征条件下，在微观层次明晰责任、界定产权几乎不可能，监测和监管所造成的交易费用高到不可承受；再次，在我国，农民长期以来都是处于弱势地位，经济承受能力很低，不可能要求他们承担如此高昂的交易费用，况且，农民也在承受着严重的工业污染。这些特点将在政策设计中被充分考虑。

7.3　政策设计

尽管污染控制政策通常被首先认定为环境保护政策，但是鉴于中国特殊的农业发展背景，在农业面源污染控制上应该比工业污染控制政策更加突出产业发展与环境保护的双赢。无论从实际需求还是宏观政策导向而言，粮食增产和农民增收这两大目标都不能改变，抛开这个背景，农村的所有环境政策的推行将步履维艰。因此中国农业面源控制的政策定位应当是：围绕农业发展的环境政策，应当同时服从农业发展与环境保护的双重目标。

7.3.1 基本管理体制设计：村县合作制

农村每个排放源造成的外部性几乎微不足道，但是汇合起来却又造成较大的外部性，流域沿岸农村所产的污染造成跨省的外部性，也有部分造成本地小河小沟的污染，外部性主要在村落附近。农村水污染物的排放具有分散性、随意性特征，外部性的集中度非常低。对于单个排放源而言，其他人获得其排放信息的成本极高。从降低监管费用的角度而言，农民自身应当被吸收为管理者中的重要成员。

首先，基于中国农村和农业发展的基本国情，农村水污染防治政策不可能要求农民花钱去治污。此外，从相对交易费用的角度来看，中国农民的收入水平低下，让其承担污染治理成本可能会导致农民不堪重负。因此，农业面源污染治理的成本不应当由农民负担。只要农民知道这一点，他们就没有必要隐藏信息。况且，他们也是水污染防治政策的直接受益者。因此，吸收农民进入农村的水污染排放管理，可以以最低的成本获得排放信息。

其次，农民所关注的是收入的增加，而这恰恰也是政策所追求的，即便农村环境保护政策也应当如此。既然农村的污染不能效仿城镇污水进行末端的集中处理，那么农村污染排放的减少应当主要依靠在生产和生活的源头上减少造成污染的因素，如减少化肥、农药的使用，而这与农民增收的目标是一致的。只要保证产量，减少化肥和农药的投入就意味着粮食生产成本的降低。因此，农民具有较强的积极性配合这类政策的执行。

在与本研究相关的一项对河南省沿淮农村居民的调查访问中也体现了农民参与本地水环境管理的意愿，本次调查共回收了 885 份有效问卷，其中关于农村参与水环境管理的意愿调查的统计结果见表 7-3。农民遇到水污染问题首选的解决途径还是向村委会反映，这实际上反映了农民对于交易费用的考虑，因为村委会的距离是最近的。农民对水环境保护的参与意愿是较为积极的，在河道管理、垃圾收集、参与监督、上报信息、政策宣传等方面，表示愿意参与的农民均超过一半。但是农民并不愿意将这些行为当做一种义务，如果不给报酬的话，66.7%的人不愿意参与。只有少部分农民可以接受对垃圾收集、河道清理进行收费。因此，可以看出：（1）农民希望以一种能够提高自己收入的方式参与到当地的水环境管理中去；（2）农民对于政府部门、村委会等组织的信任度基本相同。

表7-3 农民参与水环境管理意愿调查结果 （%）

遇到水污染问题的解决方法	向村委会反映情况	39.16
	到县里环保部门反映情况	19.01
	找新闻媒体反映情况	14.64
	基层人民政府	11.98
	其他渠道（自己处理）	3.61
	不知道	37.64
是否愿意从事河道管理工作	愿意	63.31
	不愿意	28.90
	说不清	7.79
是否愿意从事垃圾收集工作	愿意	52.85
	不愿意	39.54
	说不清	7.60
是否愿意监督污染情况、上报水环境信息	愿意	79.66
	不愿意	12.55
	说不清	7.79
是否愿意在不给报酬的情况下管理河道、收集垃圾等	愿意	25.67
	不愿意	66.73
	说不清	7.60
是否愿意帮助政府宣传农村水环境管理的政策	愿意	76.62
	不愿意	15.59
	说不清	7.79
是否愿意出钱收集垃圾、清理河道等	愿意	45.44
	不愿意	46.96
	说不清	7.60
农村河道河岸维护、垃圾收集的管理方式	由县政府定期进行河道维护、垃圾收集	29.47
	政府在村里下设机构进行河道维护、垃圾收集	15.59
	由村委会组织村民进行河道维护、垃圾收集	23.95
	由村民自我组织建立合作社进行河道维护、垃圾收集	14.83
	说不清	16.16

综上所述，从农业面源外部性的集中度、减少监管费用、相对交易费用大小等各方面来看，农村水污染防治管理体系中必须赋予农民一个重要的位置，但是不能让农民承担主要的治理成本。政府部门作为管理的组织者，并提供相应的政策和技术资源，当然也是至关重要的。这种思想也从多方面得到了支持。如宋国君等在评价农村水环境管理体制时，对政府直接管理、村民自治以及居于政府管理和村民自治之间的合作管理模式进行了对比，认为合作管理模式的监管成本较低、外部性内部化的优化水平较高，可能是农村水环境管理的较优选择（宋国君等，2009）。作者认为，农村水污染防治应当采取一种政府与村民自治的合作管理模式。参与农村水污染防治的政府部门以县级环保局为主，省、中央层次主要提供相关的政策，如提供财政补贴、引导农业发展方向的宏观政策等。中央层次应当协调环保和农业发展两个部门的政策目标取向，减少政策冲突。除了在源头引导农民减少化肥、农药等投入外，还需要一些末端治理的工程和项目（在下一节政策手段中会有更具体说明），这部分应当由中央和省级财政出资，主要由省级环保部门具体实施。农村水污染防治管理体制基本框架见表7-4，表中的“综合”表示主要由农业和环境保护两个部门共同实施的职能。

表7-4 农村水污染防治管理体制框架

项 目	农 业	环境保护	综 合
中央、省级部门	农药、化肥施用技术指导，生态农业技术支持，推广测土配方施肥	污水处理、截污导流等工程措施	环境友好型农业认证，为减少化肥使用行为提供补偿，推广秸秆、沼气发电发热
村县合作社	化肥、农药用量监测，垃圾收集，各类工程设施日常管理及运营，村内水环境信息监测及收集，河道清理和河岸维护		

7.3.2 优先领域

由于缺乏对农业面源的全面研究，本书主要考察农药化肥造成的水污染问题，这也是许多农业研究方面文献所归纳出来的主要问题。由于化肥和农药在施用时间、技术等方面都有密切的联系，因此将两者合并作为一类污染源，对于地表水污染而言，化肥的贡献大于农药，但某些重毒农药造成的污染可能造成严重的代际外部性问题，也是不可忽视的。农业面源污染缺乏统计数据，本书对于农业面源的排放状况主要依据不多的已有研究的估算结果，在7.2.1节中已经对主要的研究成果进行了归纳，这里仅列举几个数据说明中国化肥使用的状况：中国的平均化肥用量为400kg/ha，远高于警戒水平（225kg/ha），化肥的有效利用率为30%左右，我国农民施肥过量程度已经达到50%左右，几乎没有对农民进行化肥和农药施用的培训。

本研究的"河南调查"也可以提供一些依据，根据调查所得数据进行了初步相关性分析，用SPSS软件对调查获得的相关数据进行Pearson相关性检验（表7-5），剔除部分无效问卷，在664份有效样本中，肥料结构与水质呈显著的相关性，也就是说化肥占所有肥料的比例越高，农民认为的水质越差。

表7-5 水质分类与肥料结构相关性检验

Chi-Square Tests	Value	df	Asymp. Sig. (2-sided)
Pearson Chi-Square	54.82266059	25	0.001
Likelihood Ratio	53.82378384	25	0.001
Linear-by-Linear Association	6.319043794	1	0.012
N of Valid Cases	664		

a18 cells (50.0%) have expected count less than 5. The minimum expected count is.04.

7.3.3 政策手段

7.3.3.1 国际经验借鉴

由于目前我国在农业污染控制方面几乎没有可选的政策工具，因此这里不妨先花一段笔墨对国际上较为多用的政策手段进行一个简单介绍。从国际上普遍采取的农业面源污染控制政策手段来看，欧洲国家主要采取税收、标准等手段限制农民的化肥、农药使用量，而美国则主要使用基于劝说和鼓励性质的最佳管理措施（BMPs）。

挪威1988年开始实行化肥税收政策，最初的政策目标是为其他政策的实施筹集经费，后来转变为支持环境友好的行为。尽管由于1988年北海蓝藻暴发事件促使税率提高到化肥价格的8%，1991年又提高到20%，但是仍然被认为不足以对化肥使用行为产生重大影响，甚至有学者认为只有税率达到化肥价格的100% ~300%才有可能有实质性的作用，且化肥税已经对挪威的农业出口贸易产生了较大的负面影响（Vatn A. et al，2002）。该项政策在2000年被废止。

匈牙利1986年开始实施化肥税，最初的税率是：0.25€/kg N，0.15€/kg P（€为欧元符号，1999年之前各国以本国货币计税率，本书统一转化成欧元）。该税率逐年增长，直到1994年该国加入欧盟而被废除。该税收实施以来肥料的使用量约以3%的速度逐年下降，但相应地，化肥价格却以约10%的速度上涨，较大地增加了农民的生产成本。尽管如此，研究表明，该政策对于环境质量改善的直接效果仍然非常有限（Brian M. Dowd et al，2008）。

丹麦自1998年引入氮税，对于任何氮含量超过2%的肥料征收0.67€/kg N的税，该税率一直未变（ECOTEC，2001）。该税率虽然相比匈牙利的高得多，但是丹麦的税收减免非常普遍，例如：只要年营业额超过2700欧元的农户就可以免税；其他用户只要年使用肥料超过2000kg也可以免税；对于年用肥量不超过2000kg的用户，只要每年缴纳的税金超过135欧元，也将得到部分返还。因此，该项税收对于农民没有实质上的约束，主要是针对家庭少量的肥料使用行为，例如花园的施肥，对于环境质量的改善几乎没有贡献。

荷兰使用MINAS（Mineral Accounting System）系统控制化肥的使用（C. J. M. Ondersteijn et al，2002）。该系统本质上是一个养分标准，其控制对象不是N、P等养分的投入，而是剩余（或流失）。在这个系统之下，每个农民的养分投入和产出情况都被记录下来，如果其养分剩余（或流失）在规定的标准之内，则无需交税，如果超出标准，则需要缴纳较高的税。如表7-6所示，随着免税的标准越来越严，超出标准的税率也越来越高。尽管监测数据显示荷兰地下水的养分浓度在1992 ~2000年之间有所下降，但是这项政策仍然由于其高昂的执行费用以及对于环境质量贡献的不确定性受到质疑。该政策由于未能达到欧盟的养分法案在2006年1月被废除（Ondersteijn et al，2002）。

表 7-6 荷兰 MINAS 系统税率设置

年份	免税标准		超出标准税率	
	N/（kg N/ha）	P/（kg P_2O_5/ha）	N/（€/kg）	P/（€/kg）
1998	238	40	0.7	1.1
2000	188	35	0.7	2.3
2002	165	30	0.7	2.2
2003	140	20	2.3	9.1

注：其中 P 以 P_2O_5 计量。

美国主要使用最佳管理实践（Best Management Practices，BMPs）进行农业面源管理，BMPs 是指任何能够减少或预防水资源污染的方法、措施或操作程序，包括工程、非工程措施的操作与维护程序，BMPs 可以分为工程措施和非工程（管理）措施。工程措施主要为增加湿地或植被缓冲区，降低污水地表径流速度以拦截、降解、沉降污染物；非工程（管理）措施包括规划、农户教育等形式，促使农民自觉使用廉价的环境友好技术（Brian M. Dowd et al，2008）。BMPs（特别是非工程措施）由于其较大的灵活性得到一定程度的推崇，但是由于外部性的存在，农户使用环境友好技术的自觉性也受到质疑（Eric A. DeVuyst，Viju Ipe C. 1999）。最佳管理措施通过 3 种方式控制非点源污染物向水体迁移：通过源头削减使污染物的产生最小化；通过减少水流的输送来减少污染物的迁移，或者通过沉积来阻止污染物的传输；通过化学或生物的方法对已经进入水体的污染物进行补救和拦截（美国环保署编，陈婧、宋国君、刘鸿志译，2005）。

根据前文对我国农村基本情况的分析，涉农政策的主线应当是减轻农民负担、促进农民增收，欧洲国家基于税收、标准的方式在其本国都已被证实对农业发展产生较大负面影响，对于我国就更加不适合了。美国的 BMPs 方法却具有较大的借鉴价值。为了简化问题，将农村水污染防治的政策手段分成两类：一类是以提高农业生产效率、减少化学投入的源头控制手段，类似于 BMPs 中的管理措施；另一类是采取必要的工程措施对已经形成的污染问题进行末端治理，类似于 BMPs 中的工程措施。

目前尚没有对这两类政策手段实施成本的比较，但是从逻辑上讲源头控制的方法一方面可以减少农业投入的无谓损失，另一方面也节约了末端治理的成本，因此源头控制的手段应当优先考虑。但是源头控制的措施见效往往又是间接的、逐步的，为了服务于水质改善的最终目标，工程措施应当并重。

7.3.3.2 基本思路和政策手段

农业面源外部性的输出者是农民，按照常说的“谁污染谁付费”原则，内部化的成本应当由农民承担。本书一开始就没有完全赞成这条原则，而是始终坚持“消除外部效应为首要原则，内化外部关系为次要原则”，并且将外部性的集中度、相对交易费用等因素考虑进去。付费主要是内化外部关系的问题，应当由谁来付费，还是要看是否有利于消除外部效应。这便体现出了本书前面提出的相对交易费用的概念的作用。在产权不清、模棱两可的情况下，绝对的交易费用相同，优先让相对交易费用较小的主体付费，这实际上就是在保证效果的前提下，考虑对弱势群体福利的保护。

作者认为，我国农村环保工作的基本思路应当是：在促进农业发展、农民增收的前提下，实行预防为主、源头减排，通过规模化经营，管理和工程措施并举，实现农业发展和环境保护的双赢。首先，在现阶段，我国所有涉农政策都应当以促进农业发展、农民增收作为基本前提，农村环保政策也不例外。我国农民人均纯收入不到城镇居民收入的1/3，其中种植业收入则更少，然而农民却承担着养活13亿多人口的重任。农业活动不是简单的市场行为，它具有很强的公共职能。因此尽管农业生产造成污染，输出负的外部性，但是农业生产本身又输出了正的外部性，在农业环保领域不能教条地使用“污染者付费”的原则。其次，农村环保应当坚定地走预防为主、源头减排的路线。基于农业排放的分散、无序特征，末端治理的成本将十分巨大。况且，化学物品本身就是农业生产中重要的成本因子，减少化学品的使用也就是降低成本。在保证产量的前提下，应当通过技术进一步提高农资利用效率，在生产源头控制化学物品的过度投入，减少无效施用。

基于作者对农业发展和环境保护的理解，提出以下6方面具体措施，作为对我国农村环保工作的基本建议。

（1）在宏观层面，应当重视农业环境政策的整合或一体化。目前我国在农村环保政策领域尚存在一定的政策困境：已有的环保政策主要针对工业，在农村略显缺失；而农业政策主要注重产量，一定程度上鼓励了农药、化肥等物品的使用。因此一方面急需出台专门针对农村环保的高规格政策；另一方面要适当调整农业政策导向，例如从已有或增加的农资补贴中，拿出相当一部分对有机肥进行补贴。此外，应当大力发展生态农业、有机农业、特色农业，完善农产品的环境认证制度也是农业环境政策一体化的重要方面。

（2）要建立农村环境监测体系，摸清农村污染状况。农村环保面临的一个基础问题就是信息的缺乏，包括农村环境质量信息和污染排放信息。农村面积大、信息分散，依靠科学监测获取信息的成本巨大，应当主要基于农村环保人员的观察、记录以及对相关人群的访问获得。实际上，我国从20世纪80年代中期就在农村建立了一套较为完备的调查体系：农村固定观察点。农村环境监测体系可以在人员、样本、调查方法等各方面借鉴或结合农村固定观察体系的优秀经验。

（3）重建基层农技推广体系，强化技术指导职能。我国农技推广体系改革后，基层农技站“人走、线断、网破”，几乎丧失了农技指导职能。新时期应当重构基层农技推广体系，一方面，在解决现有农技人员编制、待遇等方面加大投入，使已有的推广人员能够专注于本职工作。另一方面，结合新事物，补充新血液，提高农技推广队伍的服务能力。例如结合并完善村官制度，有选择地吸引环保、农业等专业的高校毕业生扎根农村服务农业，提高大学生村官的各方面待遇，建议将大学生村官纳入到农技推广或乡镇公务员系统，给予正式的编制和各方面待遇。

（4）集中农村人、地，实现规模经营，以便更好地应用环保技术。实践表明，许多实用技术可以大幅降低化学品的投入，且可以提高产量，但其主要障碍是分散的经营方式。实现规模经营的途径一是通过农民合作，将人组织起来；二是在坚持“农地农用”的原则下，通过土地流转将地集中起来。在规模经营的基础上，大力推广和应用统防统治、节水灌溉、测土配方、土地整理等实用技术将大幅减少农业污染。

（5）加大对农村环保工程措施的投入，各级财政应当共同出资进行农村生活垃圾收集、截污导流、农村生活污水集中处理等。

（6）以创新的方式在农村实行《全国环境宣传教育行动纲要(2011～2015)》。针对农民的环境教育，一定要与农民的切身利益相结合，教育的形式和内容都需要有所创新。真正从事农业生产的农民接触媒体、网络的机会少于其他人群，环保宣传不能停留在舆论、报道、宣教的层次，要深入田间地头，结合农业生产实践进行。在内容上，不能仅强调其行为对环境的影响，而应着重让农民认识到，过量使用化肥、农药，其自身在经济、健康等各方面均遭受损害，进而把环保、高效内化到其追求经济和健康的意识和行动中去。

8 结论和建议

8.1 主要结论

8.1.1 关于外部性和政策设计理论的结论

首先是关于外部性概念的结论。传统的外部性理论基本上只强调了外部关系，而把实质效应作为外部关系的衍生甚至附属，认为只要外部关系被内化，那么实质效应也随之消除。实际却不然，外部关系的内化并不是实质效应被消除的充分条件，两者具有一定的独立性。在环境政策中，消除有害的环境效应才是最为重要的，这些效应对于人类的影响（本书主要考虑负的外部性）是客观的，与外部关系的存在与否没有必然的联系。因此，本书对于环境外部性的定义是将外部关系和环境效应并重，二者具有一定的独立性，即外部关系的内化不是有害效应被消除的充分条件。按照对环境外部性的二分法，所有的环境问题可以被分为 4 类：环境效应大/外部关系简单、环境效应大/外部关系复杂、环境效应小/外部关系简单、环境效应小/外部关系复杂。环境政策设计的首要原则就是促进有害的环境效应的消除。从边际的角度来看，应当优先对单位环境效应中包含外部关系少的环境问题进行内部化。根据外部效应大小和外部关系的复杂程度可以判断外部性的“集中度”，集中度越高的外部性问题，政策可控性的可能性越大，因此较多适合运用命令控制手段；集中度低的外部性问题，追求可控性的监管成本大，可以较多采用经济手段。

其次是认识外部性的四个维度，外部性的主体、方向、范围、大小，形成外部性理论分析的基本框架。外部性的主体包括施体和受体，按照主体的数量，可以分为“一对一、一对多、多对一、多对多”4 类；外部性的方向可分为单向、双向以及由这两种基本形式组成的多向，这与传统的可逆和不可逆有类似之处，但不完全相同；外部性的范围主要按照时间和空间进行区分，外部性的范围与管理体制的设置密切相关；外部效应的大小可以分为绝对大小和相对大小，对应于外部效应的相对大小，可以推而广之提出相对交易费用的概念，绝对大小可以用于对政策进行总体的费用效益分析，相对大小则可用于政策成本的分担和政策收益的分配。

再次是关于外部性、交易费用、市场失灵等概念之间的关系。外部性不应当仅限为一个抽象概念作为“市场失灵”的托辞之一，它实际上是众多具有共同特征的现象的集合，产权不清晰、信息不对称等都是造成外部性的原因。本书中关于交易费用的论述可以说是为其进行了一次“平反”。交易费用不是市场失灵的“万恶之源”，如果要归咎的话也只能说我们缺乏一个万能的上帝，它能够将市场设计得完美无缺。在承认市场本身具有内在缺陷的条件下，交易费用只是用来弥补市场缺陷所必须支付的费用。实际上，我们对于交易费用的认识是“捡了芝麻丢了西瓜”，因为从一般均衡的观点来看，只要是已经在市场中体现出来的交易费用，对于整个市场的效率是没有影响的，也就是帕累托不相关的。帕累托相关的交易费用包括两部分：一是已经被认识到，但是尚未在市场中体现出来的；二是尚未被认识到的交易费用。这两部分交易费用归根结底还是人类掌握信息、知识、科技水平的不足所导致的。因此，无论从外部性还是交易费用的角度来讲，信息都是至关重要的。

消除有害的环境效应是政策设计的首要原则。政策设计实际上也就是合约的设计，内部化不能仅停留在有无合约的层面，更重要的是合约的内容要有助于消除有害的环境效应。这一点对于经济手段尤为重要。通常经济手段表现为补偿、收费、征税、交易等形式，按照传统的外部性定义，合约达成意味着外部关系的内化，外部效应也被消除。这也是现实中很多政策只重视补偿、收费、征税、交易，忽视减排的重要原因。正确的政策设计应当对合约的执行进行监督，不仅是发生经济交易的构成，更要关注经济交易发生后是否真正履行了减排条款。

基于外部性理论，遵循问题中心的原则，流域水污染政策设计的基本框架如图 8-1 所示：首先对环境问题的外部性属性进行识别，包括对外部性的主体、方向、范围、大小进行识别，根据外部效应的绝对大小判断解决该问题可能获得的潜在收益，根据外部效应影响的范围选择合适的机构主导内部化的进程，根据外部关系的主体和外部效应的相对大小共同决定内部化（政策）的对象，最后，由所有因素共同确定内部化的手段，以期实现交易费用的最小化。

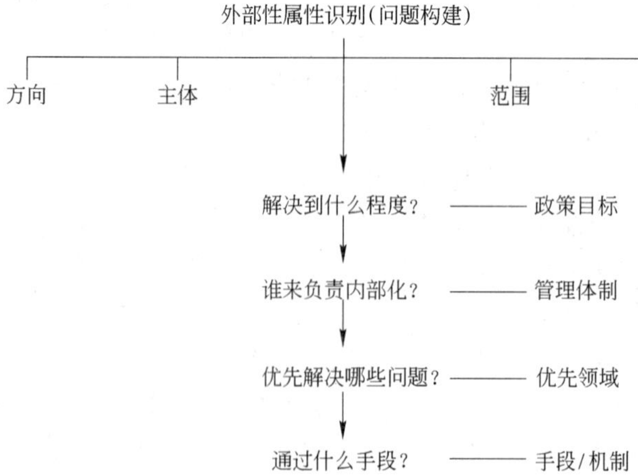

图 8-1 基于外部性的流域水污染防治政策设计基本框架

基于本书建立的政策设计理论框架，提出几条进行流域水污染防治政策设计操作性原则：

（1）管理体制设计的原则：跨区域的外部性问题主要由上一级政府负责，所谓负责的最基本底线是要掌握对排污行为的监管权。

（2）政策目标（内部化程度）的确定。最优政策目标的确定要综合考虑技术水平、支付水平（即可用的政策资源）、费-效状况等因素。优先解决相对外部效应大、集中度高的问题。

（3）从追求政策的确定性（可控性）的角度而言，外部性集中度越高的污染问题，监管的交易费用相对较低，可以较多使用命令控制型的政策手段，反之则较多使用经济手段。

8.1.2 关于中国流域水污染防治政策的结论

总体而言，中国目前分区而治的水污染防治管理体制是政策失灵的根本原因。流域水污染的大部分问题属于跨界外部性，而法律上把过多的责任划归给了缺乏进行水污染控制动机的地方政府。

工业点源污染防治方面：我国工业污染源控制不力的主要症结在于管理体制。我国经济基本单元主要是县域经济，在追求经济增长热情不退的情况下，一个县俨然就是一个大型企业，地方政府依靠经济发展取得政绩和税收收入。因此地方政府和企业实际上具有一致的经济利益，而在目前地方政府负责水环境质量、中央政府却又缺乏有效监管的管理体制下，地方政府和企业容易结成同盟，向上瞒报、虚报污染排放信息，而流域水污染的跨区域外部性性质更加剧了这种不作为和隐藏信息的行为。此外，对于企业而言，违法的成本很低，缺乏治理污染的经济动力。

城镇污水管理方面：城镇污水管理的主要途径是污水处理，目前城镇污水处理一方面是总体的处理能力不够，污水集中处理率偏低；另一方面却由于管网的不健全导致已建成的处理能力没有得到充分的利用，负荷率较低，主要问题在于管网和污水处理厂建设的资金机制。目前我国主要依靠地方政府投资，但是城镇污水处理具有明显的跨境外部性特征，相比之下，地方政府更加愿意将有限的财政资源投入到外部性小的公共事业上，如城市交通、绿化等。日常运行方面，在减排政策的强力约束下，大部分城镇污水处理厂的运营状况尚可，征收的污水处理费能够覆盖日常的运行成本。但是较为普遍的问题就是污水处理厂无力对部分来自工业企业的进水进行控制，往往由于企业的偷排、严重超标排放影响污泥的生物活性，严重时甚至导致处理工艺的瘫痪。

农业面源污染控制方面：农业面源污染控制面临两难困境，一方面，国家的粮食安全是不可逾越的红线，主流的农业发展政策通过补贴的形式间接地鼓励农民多用化肥和农药，以保证产量，养分的流失造成水体污染；另一方面，由于农业面源的分散特性，单纯的环境政策在农业方面实施的交易费用巨大，这也导致了主流的环境政策缺乏对农村的关注。农村缺乏环境管理机构，农民的环保意识也较为薄弱。

8.2 中国流域水污染防治政策完善建议

8.2.1 管理体制建议

流域水污染总体上属于跨省的外部性问题，根据本书提出的外部性与环境管理体制模式，这类外部性的内部化应当由中央政府主导，所谓的中央政府主导或负责，其底线是掌握对排污行为的监管权。地方政府与排污企业之间存在共同的经济利益，短期内也难以改变对GDP的崇拜意识，因此中央政府与地方政府的分工需要重构。在市场经济环境下，地方政府主要负责发展经济、提高本地人民的福利水平似乎天经地义，那么中央政府除了在宏观政策上引导经济发展的方向之外，应该更多地关注具有广泛外部性的公共问题。因此，在流域水污染防治方面，中央政府需要直接负责很大一部分工作。中央政府和地方政府的分工应当按照问题的外部性属性，具有跨省际或跨代际影响的外部性问题，主要由中央政府负责；具有跨市影响的外部性问题，主要由省级政府负责；市、县级政府主要负责常规的环境管理工作，协助落实中央和地方的水污染防治行动。据此，大型工业点源排放控制、城镇污水处理厂的投资、农业面源污染控制等问题应当主要由中央政府负责。具体的负责形式可以是与地方政府建立委托-代理关系，或派出流域分局等。

其次，在我国现行的行政管理体制框架下，国家环境保护部是代表国家环境利益的最高行政管理部门。但是在水污染防治领域，很多权力被其他部门分享，环保部作为一个新生部门，目前缺乏协调全局的能力。因此环保部的权利需要扩大，大环保部的建立应该是大势所趋。在水污染防治方面，整合水利、住房和城乡建设、农业等部门的相关职能，将水环境信息监测和发布、城镇污水处理厂建设、农业面源污染控制等职能统一划归环境保护部。作为一个大部的环保部门，同时具有协调工业产业发展规划和布局、农业和农村发展规划和布局的能力，以实现在工业和农业污染防治方面的总体优化。

更加具体地，应当建立三级两层的流域水污染防治管理体制，环保部的流域分局代表中央政府行使对跨省外部性水污染问题的监管，如表8-1所示。在这个框架下，针对工业点源、城镇污水、农业面源对中央和地方政府进行具体的分工。工业点源上，中央政府负责大点源许可证的发放和监管，地方政府代理发放和监管小污染源的许可证；中央政府主导城镇污水处理厂及管网建设的投资，按照大点源对其进行许可证的管理，委托地方政府负责日常的运营和维护；在农村，可以建立村县合作的水环境管理机构。

表8-1 流域水污染防治管理体制基本设置

三级	两层	基本职能	领导方式
国家	环保部	统管全国水环境保护事宜	国务院组成部门
	环保部流域分局	作为环保部的派出机构，驻扎在流域所辖地区，直接管理流域内跨省的外部性问题	国家环保部直管
省	各省环保局	统管全省一般环境保护事务	省政府领导
	省分局	驻扎在本省所辖流域地区，在跨市的外部性问题上直接行使省局的权力	省局直管
市	各市环保局	主要履行政策实施职能，基础信息收集、发布	市政府领导
	市分局/县局	视情况而定，可以由县局代替	市局直管

8.2.2 政策优先性建议

根据本书建立的政策优先性排序原则，在工业污染排放控制领域，从废水产生量的角度来看，优先控制的行业依次是：造纸、纺织、化工、农副食品加工；从COD的产生量来看，优先控制的行业依次是：造纸、农副食品加工、饮料、纺织、化工；从氨氮的产生量来看，优先控制的行业依次是：化工、造纸、农副食品加工、纺织、石油。因此，综合考虑，政策优先领域应该是：造纸、化工、农副食品、纺织四个行业。其他的工业行业可以用类似的方法进行排序。

由于城镇污水的排放源较为简单，主要就是居民生活排水和少量工业用水，本书并没有像工业点源一样进行细分。对于居民生活污水，应当优先完善已建成污水处理厂的下水管网，充分利用已形成的处理能力；对于进入污水处理厂的工业废水，应当从进水合同和监测技术上解决进水水质的监管问题；对于污水处理厂本身的运行，主要是完善中央政府对出水水质的监管。

本书对于农业面源污染的研究是不全面的，主要通过文献和部分调研的结果得出“化肥、农药是首要问题”的结论，较少地关注诸如生活垃圾、人畜粪便等造成的水污染问题。因此，只能说化肥、农药污染的控制是本书筛选的最优先领域，其他方面不能提供有力的建议。

8.2.3 政策手段建议

本书关于我国流域水污染防治政策手段的最核心建议就是排污许可证制度的完善，既适用于工业污染源的排放控制，也适用于城市污水处理厂的运行监管。

首先，要完善排污许可证制度的立法。《排污许可证管理条例》已经讨论了多年，征求意见稿也已经发布了两年，但是迟迟没有通过最终的立法程序。主要原因可能是《条例》的内容还不够完善。但无论如何，立法的进度应当加快，否则许可证制度的真正建立就缺乏有力的保障，仅靠《水污染防治法》中的一句话是远远不够的。

其次，建议对工业点源的排污申报进行大赦，建立企业环境会计和审计制度。许可证制度的核心是信息核查机制，从多种渠道、多种方式获得关于水污染物排放的信息，以保证信息质量，掌握企业真实的守法状况。一方面要完善环境监测和环境统计体系，另一方面要借鉴对企业的财税监管体系，建立和完善环境会计、环境审计制度，将其纳入许可证信息机制范围，成为信息核查的有力手段。特别强调的是，为了获得初始的真实信息，可以考虑以“大赦”的方式，鼓励和要求企业重新申报其真实的排污信息。

许可证制度的基础仍然是排放标准，基本目标也是实现企业的连续达标排放。由于外部性的存在，企业的排污行为较难掌握，而其技术水平却是较易掌握的，因此本书认为要使排放标准具有可实施性，排放标准的制定应当是基于技术的，而不是基于环境容量的，环境容量只是最终目标。为了实现许可证的持续削减功能，应当完善排放标准的更新机制，以鞭策企业使用更先进的技术，实现持续减排。

对于城镇生活污水的外部性问题，最为重要的仍然是城镇污水处理厂的建设和运营。处理厂及配套管网的建设资金应当主要由中央政府负责筹集，建议中央财政建立污水处理厂基础建设专项基金，为地方政府或民间机构提供低息或无息贷款、补贴地方政府或民间机构支付的商业贷款利息、作为“种子基金”吸引各类资金参与污水处理厂及配套管网的建设。城镇污水处理厂的所有制应当主要为公有制。排污许可证制度同样适用于对城镇污水处理厂运营的管理。在城镇污水处理厂的建设规模上，也可以适当考虑基于社区的小型处理厂。除了末端的处理外，也应当从节水、清洁洗涤剂等方面从源头进行教育和控制。

对于农业面源污染，尽管农民是最主要的排放主体，但是从相对交易费用的观点出发，污染的治理费用相对于农民的收入来说可能是非常大的。因此，本书认为农业面源污染控制政策应当以鼓励手段为主，参考美国的最佳管理实践（BMPs），对农民的环境友好行为进行奖励，例如鼓励农民精耕细作，由政府出资进行施药、施肥的技术培训、推广测土配方施肥等。此外，在管理机构方面，急需建立专门的农村环境管理机构和监测体系。

8.3 研究的不足和进一步研究方向

作者在动笔之始就意识到本研究将面临的一个问题：对于一个没有任何决策权力的研究者而言，关于政策设计的研究仅能停留在理论归纳或演绎的层次，却没有一块试验田去证实或者证伪所设计的政策。这也是本书的最大不足。但是，这是作为一个纯粹的研究者永远不能解决的问题。所能期望的就是随着理论的不断完善，它们被一些现实情况自发地证实或修正，最后政策设计的理论被决策者所接受和使用。这将是一个非常漫长的过程，既伴随着研究者自身能力的不断提高和影响力的逐步扩大，也伴随着环境决策民主化、科学化的不断深入的进程。进一步的研究可以使用结构式访谈、专家咨询等参与式政策设计的方法对设计的政策“产品”进行较为广泛的论证。

其次，本书主要立足于基础理论研究，花了大量的精力在梳理和发展作者认为可以作为政策设计基础的外部性理论，并据此提出可推广到整个环境保护领域的流域水污染防治政策设计基本框架，限于作者的精力和能力，对于很多具体的方法没有进行深入的研究。例如本书对于环境外部性的概念进行了创造性的分解，将其分成主体、大小、方向、范围4个维度，但是在具体应用中并没有提出一套对这4个维度进行识别和测量的方法。尽管已有的研究可以提供一些工具，例如环境价值评估方法、社会网络分析方法、费用效益分析方法等，但由于本书提出的外部性4个维度中有不少概念是首次提出，现有的方法未必能够直接应用于对这些要素的识别和测量，需要进一步对已有的方法进行具体化和系统化，使其能够更加直接地应用于环境政策设计。由于缺乏对方法的深入研究，本书在外部性理论方面的发展对于政策设计的贡献主要是提出一些方向性的原则，当然，这些也是非常重要的。进一步的研究可以深入细化，对外部关系和效应进行定量的测度，主要是主体的识别和大小的测量，进一步也可以对外部性集中度进行定量化研究，为政策手段、政策优先性排序提供更有力的依据。

最后，关于政策目标（即内部化程度）的确定，本书提出要综合考虑政策资源、技术条件等因素，但是在实政研究中由于缺少相关的信息，对于政策资源、技术水平的考虑并不充分，这也使得政策目标的表述缺乏定量，显得不够具有实践性。由于缺乏详细的费用效益分析，对于政策的优先领域也没有做出较为细致的分析。

附录：河南调研问卷（仅摘选本书用到的部分问题）

淮河农村水环境状况调查问卷

1. 河流名称：________

a. 水的颜色：①无色透明　②黑色　③其他颜色________

清澈度：能见度约________米

b. 河流底部淤泥：①有很多淤泥　②有较少的淤泥　③没有淤泥

河岸是否固化：①是　②否

河岸植被：①植被茂密　②有植被，但不茂密　③没有植被

河岸垃圾：①有很多垃圾　②有较少垃圾　③没有垃圾

河流水禽：①水禽很多　②水禽较少　③基本没有水禽

河边湿地：①湿地面积较多　②湿地面积很少　③基本没有湿地

2. 您认为目前当地河流的水质情况属于哪类用水？

①直接饮用　②可游泳　③水产养殖　④工业用水　⑤农田用水及景观用水　⑥不能用的污水

3. 您对当地河流水质状况是否满意？

①很满意　②一般　③不满意　④说不清楚

4. 近几年河流水质状况是否有所改善？

①是　②否

如果有所改善，从哪一年开始改善？

5. 您对当地河流水质的改善程度、改善速度以及改善的稳定性是否满意？

程度：①很满意　②一般　③不满意　④说不清楚

速度：①很满意　②一般　③不满意　④说不清楚

稳定性：①很满意　②一般　③不满意　④说不清楚

6. 河流是否突然有变得特别脏的情况？

①是　②否

出现的频率？

7. 请问河流岸边是天然林还是人工林？

①人工林 ②天然林

人工林从什么时候开始种植？________

是政府组织还是村民自发种植？①政府组织 ②村民自发

您认为近年来当地河流的流量是否在减少？①是 ②否

原因是什么？________

8. 河道河岸环境是否有专人管理？

①是 ②否

是谁来管？________

9. 现有的河岸河道管理的方式？

①河岸固化 ②河岸植被种植维护 ③河道淤泥清理 ④河道垃圾的清理

如果有人进行淤泥清理，多久进行一次？________

能否满足需要？①能 ②不能

如果有人进行河道垃圾清理，多久进行一次？________

能否满足需要？①能 ②不能

村里目前有多少人在从事河道管理工作？________

村里管理河道的人有无报酬？①有 ②无 报酬多少？________ 报酬资金来源？________

您对目前的河道管理状况是否满意？①很满意 ②一般 ③不满意 ④说不清楚

10. 您认为当地河道的垃圾和淤泥定期清理需要多少人？________应该给多少报酬？________

您认为多久收集一次？________

您认为所需资金主要来源是？________

其他建议？________

11. 您认为当地河流受到污染的主要原因是什么？

①上游来水污染（工业、生活污水） ②村附近的工厂废水 ③村附近（内）的畜禽养殖场排污 ④农业生产污染（农药、化肥、秸秆） ⑤农村生活污染（生活污水、垃圾、人畜粪便） ⑥航运船舶排污 ⑦ 渔业养殖排污

12. 农村的生活垃圾是如何进行处置的？

①有人收集　②随处堆放　③倾倒在河道　④其他

13. 如果有人收集：是谁在组织收集？

①村里组织　②县里来人收集

目前多久收集一次？________

多大部分的垃圾被收集了？

村里目前有多少人在从事垃圾收集？________

收垃圾的人有无报酬？①有　②无　报酬多少？________ 报酬资金来源？________

收集的垃圾怎么处理？________

您对目前的垃圾收集状况是否满意？①很满意　②一般　③不满意　④说不清楚

14. 您认为收集农村的垃圾需要多少人？________应该给多少报酬？________

多久收集一次？________

您认为所需资金主要来源是？________

其他建议？________

15. 您家的（包括零散养殖的）人畜粪尿如何处理？

①还田　②有人收集　③随处倾倒　④沼气　⑤其他

16. 据您了解村里其他人家是如何处理的？（可多选）

①还田　②有人收集　③随处倾倒　④沼气　⑤其他

大部分人家是如何处理的？________

17. 请问您家如何处理秸秆？

①粉碎还田　②随意堆放田头或湖边　③焚烧

④发酵产生沼气　⑤有专人收购　⑥其他________

18. 据您了解村里其他人家是如何处理秸秆？（可多选）

①粉碎还田　②随意堆放田头或湖边　③焚烧

④发酵产生沼气　⑤有专人收购　⑥其他________

大部分人家是如何处理的？________

19. 请问目前您家农业施用的肥料的结构是？

①全部施化肥　②主要是化肥，少部分使用有机肥　③化肥和有机肥各半　④主要是有机肥，少部分用化肥　⑤全部施有机肥

20. 村内大部分人家的农业肥料结构情况是？

①全部施化肥 ②主要是化肥，少部分使用有机肥 ③化肥和有机肥各半 ④主要是有机肥，少部分用化肥 ⑤全部施有机肥

21. 当地对使用有机肥（农家肥）有没有补贴？

①有（多少）________ ②没有

22. 平均每亩用化肥多少公斤？________ 一亩田大概花多少钱在买化肥上？________

国家的化肥补贴按什么给？①面积、②粮食产量、③化肥使用量给多少？________

23. 化肥补贴对您家的化肥使用量影响大吗？

① 影响较大 ②没多大影响，补点是点 ③基本没影响，没办法，补不补都得用这么多

24. 什么因素影响您家的化肥使用量？（可多选）

①化肥价格 ②粮食价格 ③当地有一些传统 ④劳动力情况 ⑤环保意识 ⑥其他________

25. 请问当地是否有出售测土配方化肥？

①是 ②否

您家是否采用了测土配方施肥？①是 ②否

如果没有采用，原因是什么？________

如采用效果如何？① 很好，产量上去了成本下降了 ②效果不是很显著

26. 请问当地是否有人进行关于农药、化肥科学使用方法的培训与指导？

①经常有 ②偶尔有 ③几乎没有 ④根本没有

27. 请问您对目前的农药、化肥科学使用方法的培训和指导情况是否满意？

①很满意 ②一般 ③不满意 ④说不清楚

对此您有何建议？________

28. 如遇到水污染问题，您是通过什么途径解决问题的？（可多选）

① 向村委会反映情况 ②到县里环保部门反映情况 ③找新闻

媒体反映情况 ④基层人民政府 ⑤其他渠道________ ⑥不知道

29. 参与农村水环境管理方式

是否愿意出钱收集垃圾、清理河道等等？	①愿意，出钱________？	②不愿意
是否愿意从事河道管理工作？	①愿意	②不愿意
是否愿意从事垃圾收集工作？	①愿意	②不愿意
是否愿意监督污染情况、上报水环境信息？	①愿意	②不愿意，原因：________
是否愿意在不给报酬的情况下管理河道、收集垃圾等？	①愿意	②不愿意
是否愿意帮助政府宣传农村水环境管理的政策？	①愿意	②不愿意

30. 农村河道河岸维护、垃圾收集的管理机构

（1）由县政府定期进行河道维护、垃圾收集是否可行？	①可行	②不可行，原因：________
（2）政府在村里下设机构进行河道维护、垃圾收集是否可行？	①可行	②不可行，原因：________
（3）由村委会组织村民进行河道维护、垃圾收集是否可行？	①可行	②不可行，原因：________
（4）由村民自我组织建立合作社进行河道维护、垃圾收集是否可行？	①可行	②不可行，原因：________
您认为以上哪种方式更好？（　　）为什么？________		

调查时间：________________ 调查员：________________

图表索引

参 考 文 献

[1] A. Myrick Freeman Ⅲ. Depletable externalities and pigouvian taxation. Journal of Environmental Economics and Management, 1984 (11): 173 ~179.

[2] A. C. Pigou. The economics of welfare. London: Macmillan Company Inc, 1920: 111, 194.

[3] Andreas A. Papandreou. Externality and institutions. Oxford: Oxford University Press, 1998: 304.

[4] Ann Crabbe, Pieter Leroy. The handbook of environmental policy evaluation. London and Sterling VA: Earthscan, 2009: 2 ~5, 8 ~21.

[5] Arts B., Goverde H. The governance capacity of (new) policy arrangement: A reflexive approach//B. Arts, P. Leroy. Institutional dynamics in environmental governance. Springer, Dordrecht, The Netherlands, 2006.

[6] Bator Francis M. Anatomy of "Market Failure". Quarterly Journal of Economics, 1958, 72 (3): 351 ~379.

[7] Bradley J. E., Mayfield M. V., Mehta M. P., Rukonge A. E. Participatory evaluation of reproductive health care quality in developing countries. Social Science & Medicine, 2002, 55 (2): 269 ~282.

[8] Brian M. Dowd et al. Agricultural nonpoint source water pollution policy: The case of California's Central Coast. Agriculture, Ecosystems and Environment, 2008 (128): 151 ~161.

[9] Buchanan, James M. & Tullock, Gordon. The calculus of consent: Logical foundations of constitutional democracy. Ann Arbor: The University of Michigan Press, 1962.

[10] C. J. M. Ondersteijn, et al. The dutch mineral accounting system and the European nitrate directive: implication for N and P management and farm performance. Agriculture, Ecosystems and Environment, 2002 (92): 283 ~296.

[11] Carl J. Dahlman. Problem of externality. The Journal of Law and Economics, 1979, 22 (1): 141 ~162.

[12] Chen Jin-ming. 美国管理分散污水处理系统的政策和经验. 中国给水排水, 2004, 20 (6): 104 ~106.

[13] John Clapham. On empty economic boxes. Economic Journal, 1922 (32): 305.

[14] Cousins J. B., Earl L. M.. The case for participatory evaluation. Educational Evaluation and Policy Analysis, 1992 (14): 397 ~418.

[15] Darin Barney. The network society. Cambridge: Polity Press, 2004: 26.

[16] ECOTEC. Study on the economic and environmental implications of the use of environmental taxes and charges in the European Union and its member states. Final Report. ECOTEC Research and Consulting, Brussels, Belgium, 2001.

[17] Ellen M. van Bueren, Erik-Hans Klijn, Joop F. M. Koppenjan. Dealing with wicked problems in networks: Analyzing an environmental debate from a network perspective. Journal of Public

Administration Research and Theory, 2003, 13 (2): 193 ~ 212.

[18] Elino Ostrom. Governing the commons: the evolution of institution for collective action. Cambridge and New York: Cambridge University Press, 1990.

[19] EPA. Guidelines for Preparing Economic Analysis. U. S. EPA, 2000.

[20] Eric A. DeVuyst, Viju Ipe C. A group incentive contract to promote adoption of best management practices. Journal of Agriculture and Resource Economic, 1999, 14 (2): 367 ~ 382.

[21] Fischer, Russell G. The delphi method: a description, review and criticism. Journal of Academic Librarianship, 1978, 4 (2): 64 ~ 70.

[22] Francis M. Bator. The anatomy of market failure. The Quarterly Journal of Economics, 1958, 72 (3): 351 ~ 379.

[23] G. J. Stigler. The law and economics of public policy: A plea to the scholars. Journal of Legal Studies, 1972 (I): 12.

[24] G. Spaargaren, A. P. J. Mol. Sociology, environment and modernity: ecological modernization as a theory of social change//Society and Natural Resources, 1992 (5): 323 ~ 345.

[25] Goldberg V. P. Towards an expanded economic theory of contract. Journal of Economic Issues, 1976, 10 (1): 45 ~ 61.

[26] H. Dales. Pollution, property, and prices. Toronto: University of Toronto Press, 1968.

[27] H. D. Lasswell, A. Kaplan. Power and society: a framework for political inquiry. London: Routledge and Kegan Paul, 1952.

[28] Harold Demsetz. Why regulate utilities? Journal of Law & Economics, 1968 (61): 55, 61.

[29] Harold Demsetz. The exchange and enforcement of property rights. Journal of Law and Economics, 1964, Ⅶ: 11 ~ 26.

[30] Henry M. Peskin. Comments: one more externality article. Journal of Environmental Economics and Management, 1988 (15): 380 ~ 381.

[31] James M. Buchanan, W. C. Stubblebine. Externality. Economica, 1962 (29): 371.

[32] K. U. Rudolph. Organisational structures, costs and fees of german wastewater treatment plants. Water Workshop Tokyo, 27th Jan. 2004 "Water Administration" Section 1.

[33] Kenneth J. Arrow. The organization of economic activity: issues pertinent to the choice of market vs. non-market allocation//Robert H. Haveman, Julius Margolis (eds.) . Public expenditure and policy analysis, 1969: 59 ~ 73.

[34] Knight F. H. Some fallacies in interpretation of social cost. Quarterly Journal of Economics, 1924 (38): 324 ~ 330.

[35] Knoke D, Burt R. S. Prominence//R. S. Burt, M. J. Minor. Applied network analysis. Newbury Park, CA: Sage, 1983: 195 ~ 222.

[36] Knoke D. Political networks: The structural perspective. New York: Cambridge University Press, 1990.

[37] Laumann E. O. Network analysis in large social systems: Some theoretical and methodological

problems//P. W. Holland, S. Leinhardt. Perspectives on social network analysis. New York: Academic Press, 1979, 379 ~ 402.

[38] Leonid Hurwicz. On informationally decentralized systems//C. B. McGuire, R. Radner. Decision and organization: a volume in honor of Jacob Marshak (North-Hollandz), 1972: 297 ~ 336.

[39] Marshall A. Principles of economics. London: Macmillan, 1890: 226.

[40] Meade J. External economies and disexternal economies in a competitive Situation. Economic Journal, 1952 (62): 54 ~ 67.

[41] Michael Janofsky. Utility to spend $ 500 million on cleanup. The New York Times, 2005-05-08. www. nytimes. com.

[42] Mol Arthur P. J. Ecological modernization theory//Arthur P. J. Mol. The refinement of production. Ecological modernization theory and the chemical industry. Utrecht: Van Arkel, 1995: 27 ~ 61.

[43] Nancy Holman. Community participation: using social network analysis to improve developmental benefits. Environment and Planning C: Government and Policy, 2008 (26): 525 ~ 543.

[44] North D. Structure and change in economic history. New York: Norton, 1981.

[45] Nove A. The economics of feasible socialism. London: Allen & Unwin, 1983.

[46] Oliver E. Williamson. The economic institution of capitalism. New York: The Free Press, 1987: 19.

[47] Oliver E. Williamson. The new institutional economics: taking stock, looking ahead. Journal of Economic Literature, 2000, XXXVIII: 595 ~ 613.

[48] Ondersteijn, et al. The dutch mineral accounting system and the European nitrate directive: implications for N and P management and farm performance. Agriculture, Ecosystems and Environment, 2002, 92 (2-3), 283 ~ 296.

[49] P. A. Samuuelson. Diagrammatic exposition of a theory of public expenditure. The Review of Economics and Statistics, 1955, 37 (4): 350 ~ 356.

[50] Peter J. W. N. Bird. One more externality article: reply. Journal of Environmental Economics and Management, 1988 (15): 382 ~ 383.

[51] Peter J. W. N. Bird. The transferability and depletability of externalities. Journal of Environmental Economics and Management, 1981 (8): 321 ~ 329.

[52] R. H. Coase. The nature of the firm. Economica, 1937, 4 (16): 386 ~ 405.

[53] R. H. Coase. The problem of social cost. Journal of Law and Economics, 1960 (10): 1 ~ 44.

[54] R. H. Coase. The lighthouse in economics. Journal of Law and Economics, 1974, 17 (2): 357 ~ 376.

[55] Robert Eyestone. The threads of public policy: a study in policy leadership. Indianapolis, 1971.

[56] Ronald C. Griffin, Daniel W. Bromley. Agricultural runoff as a nonpoint externality: a theoretical development. American Journal of Agricultural Economics, 1982, 64 (3): 547 ~ 552.

[57] Salancik G. Wanted: a good network theory of organization. Administrative Science Quarterly, 1995 (40): 345 ~ 349.

[58] Sara J. Scherr, Michael T. Bennett, Molly Loughney, Kerstin Canby. Developing future ecosystem service payments in China: lessons learned from international experience. Work report prepared to CCICED, 2006.

[59] Sinead Keeney, Felicity Hasson, Hugh McKenna. Consulting the oracle: ten lessons from using the Delphi technique in nursing research. Journal Advanced Nursing, 2006, 53 (2): 205 ~ 212.

[60] Sonnenfeld D. A., Rock M. T. Ecological modernisation in Asian and other emerging economies//A. P. J. Mol, D. A. Sonnenfeld, G. Spaargaren. The ecological modernization reader: environmental reform in theory and practice. London and New York: Routledge, 2009.

[61] Steven N. S. Cheung. The structure of a contract and the theory of a non-exclusive resource. Journal of Law and Economics, 1970, 13 (1): 49 ~ 70.

[62] Susan H. Whiting. Central-local fiscal relations in China. Work Paper of National Committee on United State-China Relations and Renmin University of China, 2007: 23.

[63] Thissen W. A. H.. Issue formulation in a multi-actor context: a five-step approach. IEEE International Conference on Systems, Man, and Cybernetics, 2000 (1): 301 ~ 306.

[64] Tom Tietenberg. Environmental and natural resource economics. 3rd Edition. New York: Harper Collins Publishers Inc, 1992: 52 ~ 54, 61.

[65] Tyler Cowen, Dir. Fairfax. Public goods and externalities: old and new perspectives//The theory of market failure: a critical examination. Virginia: George Mason University Press, 1988: 1 ~ 26.

[66] UNESCAP. What is Good Governance? www. unescap. org, 2008.

[67] USEPA. Voluntary national guidelines for management of onsite and clustered (decentralized) wastewater treatment systems, 2003.

[68] Vatn A., et al. Environmental taxes and politics: the dispute over nitrogen taxes in agriculture. Eur. Environ, 2002 (12): 224 ~ 240.

[69] Viner J. Cost curves and supply curves. Zeitsehrift fur National Ekonomie, 1931 (3): 23 ~ 46. Reprinted in American Economic Association: z "Reading in Price theory", Irwinlnc., Homewood, Illinois, 1952.

[70] Wallace E. Oates. And one more reply. Journal of Environmental Economics and Management, 1988 (15): 384 ~ 385.

[71] Wasserman S, Faust K. Social network analysis: methods and applications. New York: Cambridge University Press, 1994.

[72] William J. Baumol, Wallace E. Oates. The theory of environmental policy. 2nd edition. Cambridge: Cambridge University Press, 1988: 16 ~ 18.

[73] World Bank. The world bank participation source book. Washington D C: World Bank, 1996:

11.
[74] Xavier GREFFE. The ambiguities of the concept of externality. Mondes en developpement, 1978 (23): 563 ~ 569.
[75] Yew-Kwang Ng. Recent developments in the theory of externality and the pigovian solution. Economic Record, 1971, 47 (118): 169 ~ 185.
[76] 戴维·L韦默. 制度设计. 上海: 上海财经大学出版社, 2004: 10 ~ 16.
[77] 克尼斯. 环境保护的费用-效益分析. 章子中, 王燕清译. 北京: 中国展望出版社, 1989.
[78] 威廉·邓恩. 公共政策分析导论. 2版. 北京: 中国人民大学出版社, 2002: 12 ~ 13.
[79] 戴维·伊斯顿. 政治体系——政治学状况研究. 马清槐译. 北京: 商务印书馆, 1993: 23.
[80] 泰坦伯格. 排污权交易-污染控制政策的改革. 崔卫国, 范红延译. 上海: 三联书店, 1992.
[81] 托马斯·思德纳. 环境与自然资源管理的政策工具. 张蔚文, 黄祖辉译. 上海: 上海三联书店与上海人民出版社, 2005: 101, 127.
[82] 詹姆斯·E·米德. 效率、公平与产权. 北京: 北京经济学院出版社, 1992: 307 ~ 310.
[83] 陈富良. 规制机制涉及在环境政策中的应用评述. 江西财经大学学报, 2005, 37 (1): 5 ~ 8.
[84] 陈昕. 财产权利与制度变迁——产权学派与新制度学派译文集. 上海: 上海三联书店和上海人民出版社, 2004.
[85] 陈中颖, 刘爱萍, 刘永, 许振成. 中国城镇污水处理厂运行状况调查分析. 环境污染与防治, 2009 (9): 99 ~ 102.
[86] 褚俊英, 陈吉宁, 邹骥, 王灿. 城市污水处理厂的规模与效率研究. 中国给水排水, 2004, 20 (5): 35 ~ 38.
[87] 段忠清. 我国农业面源污染的成因及其治理. 无锡职业技术学院学报, 2004 (3): 49 ~ 51.
[88] 樊纲. 人间的"扯皮"与科斯定理. 读书杂志, 1992 (4).
[89] 樊纲. 市场机制与经济效率. 上海: 上海三联书店, 1995: 145.
[90] 郭庆旺, 吕冰洋. 分税制改革与税收快速增长: 基于分权契约框架的分析. 税务研究, 2006 (8): 10 ~ 14.
[91] 国家统计局中国环境统计专题组. 中国环境统计2000. 北京: 中国环境科学出版社, 2003.
[92] 胡璇, 栾胜基. 从环境协议收费现象看排污收费政策的缺陷. 北京大学学报 (自然科学版), 2004 (3): 303 ~ 309.
[93] 黄德琳, 包菲. 农业环境污染减排及其政策导向. 北京: 中国农业科学技术出版社, 2008: 268 ~ 269.

[94] 黄小赠．中国“十一五”污染物总量减排任务及对策措施．中国建设信息（水工业市场），2009（3）：5～6.

[95] 贾丽虹．外部性理论研究——中国环境规制与知识产权保护制度的分析．北京：人民出版社，2007.

[96] 贾璇，杨海真，王峰．基于机制设计理论的环境政策初探．四川环境，2009，28（2）：78～81.

[97] 姜建强．张五常的学术贡献//向松祚，高小勇．五常思想．北京：朝华出版社，2006：290～306.

[98] 金书秦，魏珣，王军霞．发达国家农业面源污染控制的经验借鉴．环境保护，2009（10B）：74～75.

[99] 金书秦，宋国君．环境政策费用效益分析初探．环境与可持续发展，2010（6）：1～4.

[100] 金书秦，宋国君，郭美瑜．重评外部性——基于环境保护的视角．理论学刊，2010（8）：37～41.

[101] 蓝虹，赵强社．福利经济学．哈尔滨：黑龙江人民出版社，2003：3，108.

[102] 李秉浩，周律，张雪辉．韩国小型城镇污水处理厂现状及管理方式探讨．给水排水，2008，34（7）：52～54.

[103] 李杰，杨文选．我国排污收费制度的缺陷及对策探析．中国物价，2009（10）：34～37.

[104] 李远，王晓霞．我国农业面源污染的环境管理：背景及演变．环境保护，2005（4）：23～27.

[105] 林玉锁．农药与生态环境保护．北京：化学工业出版社，2000：5～9.

[106] 刘鸿亮．环境费用效益分析方法及实例．北京：中国环境科学出版社，1988.

[107] 刘萍．科技是环保的助推器．中国环境报，2006-12-25.

[108] 刘晓佳．美国水污染治理公共政策及思考．唯实，2005（9）：121.

[109] 刘欣铠．国内外城市污水处理现状及展望．水利天地，2005（6）：13.

[110] 刘学毅．德尔菲法在交叉学科研究评价中的运用．西南交通大学学报（社会科学版），2007，8（2）：21～25.

[111] 绿色和平．化学农业污染与藻类水华成因分析．http：//www.greenpeace.org/china/zh/press/reports/algae-blue-report.

[112] 马中，蓝虹．产权、价格、外部性与环境资源市场配置．价格理论与实践，2003（11）：24～26.

[113] 马中，吴健，魏珣，等．建立基于效果和效率的减排长效机制．环境保护，2007（12B）：20～22.

[114] 马中．环境与自然资源经济学概论．2版．北京：高等教育出版社，2006：47，251～252.

[115] 马中．将水资源纳入资源税改革范围．中国证券报，2009-06-23.

[116] 美国环保署．美国农业非点源污染控制措施．陈婧，宋国君，刘鸿志译．北京：中国农业出版社，2005：33.
[117] 李永友，沈坤荣．我国污染控制政策的减排效果——基于省际工业污染数据的实证分析．管理世界，2008（8）：7 ~ 17.
[118] 潘岳．水污染危机连续暴发不是偶然事件．新京报，2007-07-04.
[119] 邵倩．河南借鉴经验深入调研，今年全面推行生态补偿．中国环境报，2008-08-03.
[120] 沈满洪，何灵巧．外部性的分类及外部性理论的演化．浙江大学学报，2002，32（1）：152 ~ 160
[121] 盛洪．盛洪集（开放书集）．黑龙江：黑龙江教育出版社，1996：171.
[122] 盛洪．环境保护可持续发展与政府政策．生态经济，1999（6）：10 ~ 12.
[123] 盛洪．外部性问题和制度创新．管理世界，1995（2）：195 ~ 201.
[124] 宋国君，冯时，王资峰等．农村水环境管理体制研究．环境保护，2009（5）：26 ~ 29.
[125] 宋国君，金书秦等．环境外部性分类、测量与环境管理模式研究．国家社科基金项目报告，2007.
[126] 宋国君，金书秦，傅毅明．基于外部性理论的中国环境管理体制设计．中国人口资源与环境，2008（2）：154 ~ 159.
[127] 宋国君，金书秦．中国淮河流域水环境保护政策评估．环境污染与防治，2008（4）：78 ~ 82.
[128] 宋国君，金书秦等．中国污染物排放标准体系研究项目报告．科技部环保公益项目，2007.
[129] 宋国君，马中，姜妮．环境政策评估及对中国环境保护的意义．环境保护，2003（12）：34 ~ 37.
[130] 宋国君．环境政策分析．北京：化学工业出版社，2008：30 ~ 31，81.
[131] 宋国君．中国“达标排放”政策的实证分析及理论探讨．上海环境科学，2001（12）：574 ~ 576.
[132] 宋国君等．中国淮河流域水环境保护政策评估．北京：中国人民大学出版社，2007.
[133] 孙炳炎．巴县乡镇工业环境污染造成的经济损失与初步分析．重庆环境科学，1996，18（5）：18 ~ 20.
[134] 王良伟．政策执行主体的自利性与公共政策失灵——从水污染治理政策失效说开去．中共南京市委党校学报，2008（1）：61 ~ 64.
[135] 王亚华，王学军，王毅．中国流域管理现状//陈宜瑜等．中国流域综合管理战略研究．北京：科学出版社，2007：22.
[136] 文雯．毫不松懈地推进污染减排特别报道：污染源普查校准减排方向——专访第十一届全国政协委员王玉庆．中国环境报，2010-03-05.
[137] 夏光，冯东方，程路连，等．六省市排污许可证制度实施情况调研报告．环境保护，2005（6）：57 ~ 62.
[138] 夏光．环境保护的国家意志．中国环境管理干部学院学报，2007，12（2）：1 ~ 4.

[139] 夏光．中国环境污染损失的经济计量与研究．北京：中国环境科学出版社，1998.
[140] 夏光．环境政策创新：环境政策的经济分析．北京：中国环境科学出版社，2001：55.
[141] 邢光熹，曹亚澄，施书连，等．太湖地区水体氮的污染源和反硝化．中国科学（B辑），2001，17（3）：441～445.
[142] 徐桂华，杨定华．外部性理论的演变与发展．社会科学，2004（3）：26～30.
[143] 徐嵩龄．中国环境破坏的经济损失计量实力与理论研究．北京：中国环境科学出版社，1998.
[144] 徐欣．对欧盟企业环境会计信息披露的研究及其对我国的启示．广东外语外贸大学硕士学位论文，2007：23～25.
[145] 徐志晶，夏海鸥．德尔菲法在护理研究中的应用现状．护理学杂志，2008，23（6）：78～80.
[146] 严嫣，赵洪才．城市污水处理厂产业改革的重点探讨与分析．城市，2004（3）：32～34.
[147] 杨帆．测土配方施肥技术在我国的发展与现状．中国农资，2006（4）：60～61.
[148] 杨小凯，张永生．新型古典发展经济学导论．经济研究，1999（7）：67～77.
[149] 杨小凯，张永生．新兴古典经济学和超边际分析．北京：中国人民大学出版社，2000：86.
[150] 杨益花．我国测土配方施肥存在问题及建议．安徽农学通报，2009，15（1）：52～53.
[151] 余江，王萍，蔡俊雄．现行排污收费制度特点及若干问题探析．环境科学与技术，2005（9）：60～62.
[152] 俞孔坚，韩西丽，朱强．解决城市生态环境问题的生态基础设施途径．自然资源学报，2007，22（5）：808～816.
[153] 俞兴东．重庆工业水污染经济损失及节水减污措施．重庆工学院学报，2004，18（6）：90～93.
[154] 张承中，王帆．城市高速公路环境保护评价指标的研究和实践．科技信息，2008，22：507～508.
[155] 张国琴，于金莲．黄浦江上游水源保护区非点源污染分析．上海师范大学学报（自然科学版），2008，37（6）：632～636.
[156] 张汉亚．中国投资形势分析与2008预测．财经界，2008（3）：35～40.
[157] 张华．测土配方施肥的效益．中国农业信息，2005（9）：39.
[158] 张军．现代产权经济学．上海：上海三联书店和上海人民出版社，1994.
[159] 张军，徐期勇，刘海．资源开发利用的环境经济学分析．四川环境，2001，20（4）：37～39.
[160] 张丽珠．政协委员李有成痛斥跨省污染：渤海臭在了地方保护．燕赵都市报，2003-03-07.
[161] 张维斌．如何做好工业企业污染源全面达标验收监测．山西科技，2005，6：94～95.

[162] 张维迎. 博弈论与信息经济学. 上海：上海三联书店和上海人民出版社，1996：27.
[163] 张五常. 佃农理论：应用于亚洲的农业和台湾的土地改革. 北京：商务印书馆，2000：31.
[164] 张五常. 中国的经济制度（神州大地增订版）. 北京：中信出版社，2009：131～134.
[165] 张学刚. 外部性理论与环境管制工具的演变与发展. 资源环境与发展，2009（3）：4～7.
[166] 张智玲，王华东. 环境外部不经济性分析及其进展. 环境科学发展，1997，5（5）：30～35.
[167] 赵红. 外部性、交易成本与环境管制——环境管制政策工具的演变与发展. 山东财政学院学报，2004（6）：3～5.
[168] 中国人民大学环境学院课题组. 国家"十五"科技攻关项目专题报告：中国环境统计指标体系研究. 2005：79.
[169] 中国水网：中国 1/4 城市和 71% 县城未建成污水处理厂. 2009-12-15. http：//news. h2o-china. com/html/2009/12/671260839736_ 1. shtml.
[170] 周生贤. 国外环保历史性转变的三种类型. 北京日报，2009-09-07.
[171] 周生贤. 环境问题错综复杂，环保面临历史性转变. 光明日报，2006-08-11.
[172] 朱兆良，David Norse，孙波. 中国农业面源污染控制对策. 北京：中国环境科学出版社，2006：2～4，13.
[173] 朱兆良，孙波，杨林章，张林秀. 我国农业面源污染的控制政策和措施. 科技导报，2005，23（4）：47～51.
[174] 邹骥. 环境经济政策一体化政策研究. 北京：中国人民大学出版社，2000：90.